短视频创作

彭湘 范玲 陈文君 王杰玮 编著

中国电力出版社

内 容 提 要

本书是一本短视频创作的教学用书，结合丰富的实战案例，系统、全面地介绍短视频拍摄、制作和运营的相关方法和技巧。全书共分九章，包括：短视频入门知识、短视频创作前期准备、短视频拍摄设置、短视频画面构图、短视频拍摄光线应用、短视频拍摄技巧、短视频剪辑与合成、短视频的运营及推广、短视频制作实例。

本书内容全面，可帮助读者掌握短视频创作的相关方法和技巧。课程数字化资源包括示例素材、PPT 课件、重点内容的教学视频。本书既可作为高等职业院校短视频相关课程的教材，也可作为短视频从业者学习短视频创作的参考书。

图书在版编目（CIP）数据

短视频创作 / 彭湘等编著 . —北京：中国电力出版社，2024.2

高等职业院校设计学科新形态系列教材

ISBN 978-7-5198-8470-3

Ⅰ.①短… Ⅱ.①彭… Ⅲ.①视频制作—高等职业教育—教材 Ⅳ.① TN948.4

中国国家版本馆 CIP 数据核字（2023）第 252006 号

出版发行：中国电力出版社

地　　址：北京市东城区北京站西街 19 号（邮政编码 100005）

网　　址：http://www.cepp.sgcc.com.cn

责任编辑：王　倩（010-63412607）

责任校对：黄　蓓　于　维

书籍设计：王红柳

责任印制：杨晓东

印　　刷：北京瑞禾彩色印刷有限公司

版　　次：2024 年 2 月第一版

印　　次：2024 年 2 月北京第一次印刷

开　　本：787 毫米 ×1092 毫米　16 开本

印　　张：10.25

字　　数：308 千字

定　　价：58.00 元

版 权 专 有　侵 权 必 究

本书如有印装质量问题，我社营销中心负责退换

高等职业院校设计学科新形态系列教材
上海高等教育学会设计教育专业委员会"十四五"规划教材

丛书编委会

主　　任　　赵　坚（上海电子信息职业技术学院校长）

副 主 任　　宋　磊（上海工艺美术职业学院校长）
　　　　　　范圣玺（中国高等教育学会设计教育专业委员会常务理事）
　　　　　　张　展（上海设计之都促进中心理事长）

丛书主编　　江　滨（上海高等教育学会设计教育专业委员会副主任、秘书长）

丛书副主编　程　宏（上海电子信息职业技术学院设计与艺术学院教授）

委　　员　　唐廷强（上海工艺美术职业学院手工艺学院院长）
　　　　　　李光安（上海杉达学院设计学院院长）
　　　　　　吕雯俊（上海纺织工业职工大学党委书记）
　　　　　　王红江（上海视觉艺术学院设计学院院长）
　　　　　　罗　兵（上海商学院设计学院院长）
　　　　　　顾　艺（上海工程技术大学国际创意学院院长）
　　　　　　李哲虎（上海应用技术大学设计学院院长）
　　　　　　代晓蓉（上海音乐学院数字媒体艺术学院副院长）
　　　　　　朱方胜（上海立达学院设计学院院长）
　　　　　　范希嘉（上海视觉艺术学院学科与学术发展办公室主任）
　　　　　　葛洪波（上海建桥学院设计学院院长）
　　　　　　张　波（上海出版专科学校系主任，教育部职业教育艺术类教学指导委员会委员）

序一

党的二十大报告对加快实施创新驱动发展战略作出重要部署,强调"坚持面向世界科技前沿、面向经济主战场、面向国家重大需求,面向人民生命健康,加快实现高水平科技自立自强"。

高校作为战略科技力量的聚集地、青年科技创新人才的培养地、区域发展的创新源头和动力引擎,面对新形势、新任务、新要求,高校不断加强与企业间的合作交流,持续加大科技融合、交流共享的力度,形成了鲜明的办学特色,在助推产学研协同等方面取得了良好成效。近年来,职业教育教材建设滞后于职业教育前进的步伐,仍存在重理论轻实践的现象。

与此同时,设计教育正向智慧教育阶段转型,人工智能、互联网、大数据、虚拟现实(AR)等新兴技术越来越多地应用到职业教育中。这些技术为教学提供了更多的工具和资源,使得学习方式更加多样化和个性化。然而,随之而来的教学模式、教师角色等新挑战会越来越多。如何培养创新能力和适应能力的人才成为职业教育需要考虑的问题,职业教育教材如何体现融媒体、智能化、交互性也成为高校老师研究的范畴。

在设计教育的变革中,设计的"边界"是设计界一直在探讨的话题。设计的"边界"在新技术的发展下,变得越来越模糊,重要的不是画地为牢,而是通过对"边界"的描述,寻求设计更多、更大的可能性。打破"边界"感,发展学科交叉对设计教育、教学和教材的发展提出了新的要求。这使具有学科交叉特色的教材呼之欲出,教材变革首当其冲。

基于此，上海高等教育学会设计教育专业委员会组织上海应用类大学和职业类大学的教师们，率先进入了新形态教材的编写试验阶段。他们融入校企合作，打破设计边界，呈现数字化教学，力求为"产教融合、科教融汇"的教育发展趋势助力。不管在当下还是未来，希望这套教材都能在新时代设计教育的人才培养中不断探索，并随艺术教育的时代变革，不断调整与完善。

同济大学长聘教授、博士生导师
全国设计专业学位研究生教育指导委员会秘书长
教育部工业设计专业教学指导委员会委员
教育部本科教学评估专家
中国高等教育学会设计教育专业委员会常务理事
上海高等教育学会设计教育专业委员会主任

2023年10月

序二

人工智能、大数据、互联网、元宇宙……当今世界的快速变化给设计教育带来了机会和挑战，以及无限的发展可能性。设计教育正在密切围绕着全球化、信息化不断发展，设计教育将更加开放，学科交叉和专业融合的趋势也将更加明显。目前，中国当代设计学科及设计教育体系整体上仍处于自我调整和寻找方向的过程中。就国内外的发展形势而言，如何评价设计教育的影响力，设计教育与社会经济发展的总体匹配关系如何，是设计教育的价值和意义所在。

设计教育的内涵建设在任何时候都是设计教育的重要组成部分。基于不断变化的一线城市的设计实践、设计教学，以及教材市场的优化需求，上海高等教育学会设计教育专业委员会组织上海高校的专家策划了这套设计学科教材，并列为"上海高等教育学会设计教育专业委员会'十四五'规划教材"。

上海高等院校云集，据相关数据统计，目前上海设有设计类专业的院校达60多所，其中应用技术类院校有40多所。面对设计市场和设计教学的快速发展，设计专业的内涵建设需要不断深入，设计学科的教材编写需要与时俱进，需要用前瞻性的教学视野和设计素材构建教材模型，使专业设计教材更具有创新性、规范性、系统性和全面性。

本套教材初次出版计划共30册，适用于设计领域的主要课程，包括设计基础课程和专业设计课程。专家组针对教材定位、读者对象，策划了专用的结构，分为四大模块：设计理论、设计实践、项目解析、数字化资源。这是一种全新的思路、全新的模式，也是由高校领导、企业骨干，以及教材编写者共同协商，经专家多次论证、协调审核后确定的。教材内容以满足应用型和职业型院校设计类专业的教学特点为目的，整体结构和内容构架按照四大模块的格式与要求来编写。"四大模块"将理论与实践结合，操作性强，兼顾传统专业知识与新技术、新方法，内容丰富全面，教授方式科学新颖。书中结合经典的教学案例和创新性的教学内容，图片案例来自国内外优秀、经典的设计公司实例和学生课程实践中的优秀作品，所选典型案例均经过悉心筛选，对于丰富教学案例具有示范性意义。

本套教材的作者是来自上海多所高校设计类专业的骨干教师。上海众多设计院校师资雄厚，使优选优质教师编写优质教材成为可能。这些教师具有丰富的教学与实践经验，上海国际大都市的背景为他们提供了大量的实践机会和丰富且优质的设计案例。同时，他们的学科背景交叉，遍及理工、设计、相关文科等。从包豪斯到乌尔姆到当下中国的院校，设计学作为交叉学科，使得设计的内涵与外延不断拓展。作者团队的背景交叉更符合设计学科的本质要求，也使教材的内容更能达到设计类教材应该具有的艺术与技术兼具的要求。

希望这套教材能够丰富我国应用型高校与职业院校的设计教学教材资源，也希望这套书在数字化建设方面的尝试，为广大师生在教材使用中提供更多价值。教材编写中的新尝试可能存在不足，期待同行的批评和帮助，也期待在实践的检验中，不断优化与完善。

丛书主编

2023年10月

前言

《短视频创作》是为高等职业院校数字媒体艺术设计及相关专业编写的一本教材，旨在帮助学生掌握短视频创作的核心知识和技能。本书以短视频制作为核心，以短视频运营和商业转化为根本出发点，手把手教会学生与零基础读者进行短视频创作。特色与亮点包括以下几方面。

（1）脉络完整，全流程讲解。教材中涵盖了短视频基本概念、拍摄制作、剪辑合成、推广运营和实例剖析等全流程环节，知识技能讲授深入浅出，内容通俗易懂。帮助短视频创作者全面优化制作与运营技巧。

（2）内容丰富，多案例分析。教材在讲解剪辑合成、运营、引流和变现方法等理论知识时，都附有具体的操作步骤，并加入大量实践案例，便于读者学习和理解。

（3）校企合编，重实用技能。教材中的案例大部分来自企业真实项目，由学校教师与企业骨干共同筛选案例并编写内容，所涉及的前沿技术匹配职业岗位技能要求，可作为就业指导。

本书内容由浅入深、循序渐进，理论结合案例。书中的内容结构主要包括三个部分，具体如下。

第一部分（第一、二章）概述短视频自媒体，介绍短视频的基本概念，短视频的特点、分类和制作流程以及前期准备。

第二部分（第三~八章）详细讲解短视频拍摄、剪辑合成和运营的方法，内容包括拍摄中的构图、运镜、布光、剪辑工具应用、镜头组接方法、声音编辑处理、调色和视频包装以及诸多实用的短视频运营技巧。

第三部分（第九章）详细讲解人物访谈、美食制作、旅行Vlog、产品营销、剧情等几种常见类型短视频的创作方法。

在编写本教材时，我们集聚了行业专家、教育工作者和实践经验丰富的企业一线技术骨干的知识和经验。彭湘副教授主要编写第一章、第三章、第四章和第五章；范玲副教授主要编写第七章和第八章；陈文君博士编写第六章和第九章；广西机电职业技术学院王杰玮老师编写第二章；企业负责人韩兵庆、企业骨干岑伟波为本教材提供了部分企业素材，并参与编写第八章和第九章。此外，马克、焦朦、刘宜双和彭歆珧进行了素材收集和编排校对等工作。

最后，感谢所有为本教材付出辛勤努力的人员，包括丛书主编江滨教授与副主编程宏教授、编写团队成员、上海乾灵文化传播有限公司、上海电子信息职业技术学院和中国电力出版社。没有他们的专业知识、敬业精神和无私奉献，本教材无法面世。

由于编写时间仓促，加之本人水平有限，书中难免有疏漏之处，恳请读者批评指正。

彭湘

2023年12月

书中配有重点内容的教学视频，扫描二维码可下载观看

目录

序一
序二
前言

第一部分 短视频理论知识

第一章 短视频入门知识 / 001
第一节 短视频概述 / 002
第二节 优质短视频的特征 / 005
第三节 优质短视频内容的塑造 / 007
第四节 短视频制作流程 / 008

本章总结 / 课后作业 / 思考拓展 / 课程资源链接

第二章 短视频创作前期准备 / 011
第一节 团队组建 / 012
第二节 拍摄设备器材准备 / 013
第三节 策划短视频脚本 / 020
第四节 选择合适的制作软件 / 022

本章总结 / 课后作业 / 思考拓展 / 课程资源链接

第二部分 短视频技能实践

第三章 短视频拍摄设置 / 025
第一节 短视频常用视音频文件格式 / 026
第二节 曝光与对焦 / 027
第三节 景深 / 032
第四节 色温与白平衡 / 034

本章总结 / 课后作业 / 思考拓展 / 课程资源链接

第四章　短视频画面构图 / 039

第一节　短视频拍摄景别 / 040
第二节　短视频拍摄角度 / 043
第三节　短视频构图 / 047
第四节　短视频色彩应用 / 051

本章总结 / 课后作业 / 思考拓展 / 课程资源链接

第五章　短视频拍摄光线应用 / 055

第一节　用光六要素 / 056
第二节　利用自然光拍摄 / 060
第三节　画面影调 / 064

本章总结 / 课后作业 / 思考拓展 / 课程资源链接

第六章　短视频拍摄技巧 / 069

第一节　短视频拍摄基本要领 / 070
第二节　短视频镜头语言 / 072
第三节　镜头的运用 / 073
第四节　短视频创意拍摄 / 083
第五节　拍摄遵循轴线规律 / 086
第六节　短视频拍摄同期录音 / 089

本章总结 / 课后作业 / 思考拓展 / 课程资源链接

第七章　短视频剪辑与合成 / 091

第一节　短视频剪辑 / 092
第二节　转场效果的应用 / 097
第三节　剪映剪辑操作 / 100
第四节　声音编辑 / 108
第五节　后期调色 / 111
第六节　短视频包装 / 116

本章总结 / 课后作业 / 思考拓展 / 课程资源链接

第八章　短视频的运营及推广 / 119

第一节　短视频推广渠道 / 120
第二节　短视频五大运营法则 / 120
第三节　内容发布时间 / 122
第四节　数据分析 / 124
第五节　短视频变现 / 128

本章总结 / 课后作业 / 思考拓展 / 课程资源链接

第三部分　短视频项目案例解析

第九章　短视频制作实例 / 133

第一节　人物访谈短视频创作 / 134
第二节　美食类短视频创作 / 136
第三节　旅行Vlog短视频创作 / 138
第四节　产品营销短视频创作 / 140
第五节　剧情短视频创作 / 141

本章总结 / 课后作业 / 思考拓展 / 课程资源链接

参考文献 / 144

第一部分 短视频理论知识

第一章 短视频入门知识

知识目标

（1）了解短视频的基本概念和发展历程。

（2）了解短视频的特点和分类。

（3）了解短视频的制作流程。

能力目标

（1）具备优质短视频的鉴赏能力。

（2）掌握不同类型短视频的鉴别能力。

第一节　短视频概述

一、短视频的概念与发展

短视频即短片视频,是一种互联网内容传播方式,一般是指在各种新媒体平台上播放的、适合在移动状态和短时休闲状态下观看的、高频推送的视频内容,几秒到几分钟不等。内容融合了技能分享、幽默搞怪、社会热点、时尚潮流、街头采访、公益教育、广告创意、商业定制等主题。由于内容较短,可以单独成片,也可以成为系列栏目。随着移动终端的普及和网络的提速,短频快的大流量传播内容逐渐获得各大平台、粉丝和资本的青睐。

我国短视频发展可以大致分为三个阶段:2013~2015年,以秒拍、小咖秀和美拍为起点,短视频平台逐渐进入公众视野,短视频这一传播形态开始被用户接受;2015~2017年,以"快手"为代表的短视频应用获得资本的青睐,各大互联网巨头围绕短视频领域展开争夺,报纸、电视等传统媒体也加入这场大潮;2017年至今,短视频垂直细分模式全面开启(图1-1)。

《短视频用户价值研究报告2019H1》显示,结束一天的忙碌工作、学习后,在只能接触一种娱乐形式的情况下,四成网民选择短视频(图1-2),超过选择在线视频的人数。日均观看10~30分钟的短视频用户占比32%,近三成用户观看时长超过1小时。相比城镇用户,农村短视频用户观看时长更长,日均观看时长30分钟以上的用户接近70%,明显高于城镇用户52%观看时长的数据。

2022年8月31日,中国互联网络信息中心(CNNIC)在京发布第50次《中国互联网络发展状况统计报告》。《报告》显示,截至2022年6月,我国短视频的用户规模增长最为明显,使用总人数达9.62亿,较2021年12月增长2805万,占整体网民的91.5%。

图1-1　短视频平台账号

图1-2　短视频App

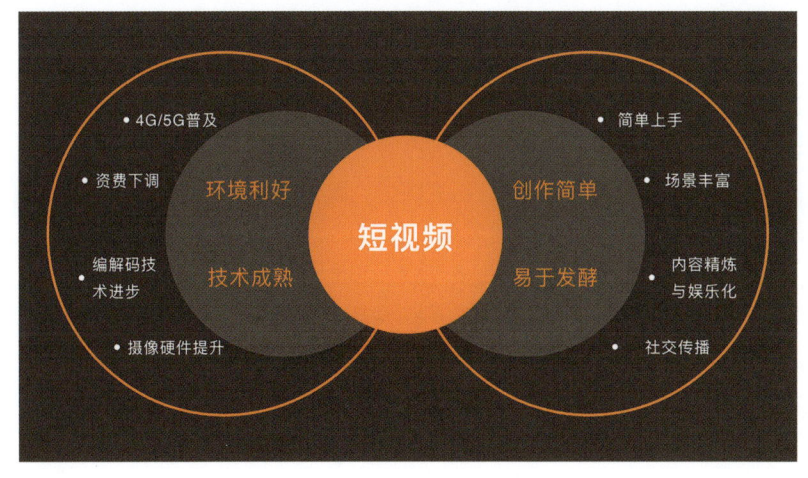

图1-3 短视频的特点

二、短视频的特点

相较于传统视频，短视频行业主要存在三大特点：生产成本低，传播和生产碎片化；传播速度快，社交属性强；生产者与消费者之间界限模糊。不同于微电影和直播，短视频制作并没有像微电影一样具有特定的表达形式和团队配置要求，具有生产流程简单、制作门槛低、参与性强等特点，但又比直播更具有传播价值。超短的制作周期和趣味化的内容对短视频制作团队的文案以及策划功底有着一定的挑战，优秀的短视频制作团队通常依托成熟运营的自媒体或IP，除了高频稳定的内容输出外，也有强大的粉丝群体。短视频的出现丰富了新媒体原生广告的形式（图1-3）。

三、短视频的类型

目前各大平台的短视频类型多种多样，目标用户群体也各不相同。按照短视频的内容对短视频进行分类，目前最受欢迎的类型有以下几类。

（1）搞笑类。搞笑类视频流量很高，也是最受欢迎的一类。搞笑类短视频最容易出爆款，受众也比较广。搞笑视频难点就在于原创想法，如果能够很好地将吐槽点和搞笑点相结合，娱乐搞笑的内容就能够引起大多数观众的兴趣。

（2）美食类。美食类短视频很受大众欢迎，美食好看又好吃，偶尔还能跟着短视频学会制作那就更好了。

（3）颜值类。长得好看的俊男美女就可以收获一批粉丝。

（4）励志类。积极向上、看了给人动力且具有正向价值观的内容很受大众欢迎。传递一些或感人或温馨的正能量内容，总会受到大家的喜欢。这类内容很容易引起共鸣，点赞、评论多，容易吸引粉丝。

（5）明星类。明星自带流量，再加上自身的颜值、才艺，以及擅长表演，轻松便可上热门。

（6）美容美妆。爱美之心人皆有，美妆教学类视频一直很多、很受欢迎，也很容易被转发，所以美妆视频也造就了很多网红。

（7）旅游类。徒步旅行，机车游世界；骑车去西藏，滑轮去三亚……各种主题旅行，创作者边走边创作，每到一个地方、一个景点就发视频，容易吸引粉丝持续关注。这类短视频越来越受人关注（图1-4）。

（8）萌宠类。萌宠是目前超受欢迎的短视频类型。可爱小动物圈粉能力很强。

（9）才艺类。创作者通过展示自己的特长、展示某一方面的才华，制作出短视频。例如，分享唱歌、舞蹈、绘画、手工、演奏乐器等才艺，以此吸引用户的关注。

（10）教学类。创作者是知识派的代表，通过自己的能力，教大家做菜、美妆等各种生活类的技能，把生活的技巧与自己的知识结合，分享给大家。

（11）街访类。街访即街头采访。这一类视频的内容真实接地气，关心社会热点问题，很受人们的欢迎。

综合上述内容，常见的短视频类型主要分为：时尚、娱乐、生活、资讯、亲子、知识、游戏、汽车、财经、励志、运动、音乐、动漫、科技、健康、故事类……

其实现在的短视频只要内容优质，不管做什么类型都能受欢迎。重点是做出自己的风格，做大众喜欢的、别人没有的、紧跟潮流的短视频。做出特色后，自然就会受欢迎（图1-5、图1-6）。

图1-4　短视频拍摄现场

图1-5　用手机拍摄短视频

004　第一部分　短视频理论知识

图1-6 短视频直播场景

四、短视频与其他视频类产品区别（表1-1）

表1-1　　　　　　　　　短视频、长视频、直播的区别

内容	短视频	长视频	直播
时间	10~180秒	20分钟以上	不限
成本	少量	较大	低
拍摄频次	2~3条/周	1条/年	不限
调性	接地气	高大上	真实感
实时性	较差	差	强
传播性	高	高	低
互动性	较弱	弱	强

短视频凭借其时间短、视频类型多、观看方便等特点迅速发展，让人们平时可以利用"碎片化"的时间来进行观看，这种优势为其带来了众多用户。当下的巨大流量，给短视频行业带来了机遇。

第二节　优质短视频的特征

要想制作出高品质的短视频并不是一件简单的事。怎样才算优质？是画面很漂亮，看起来很高级，文案很优美？可有些短视频画面拍得一般，却吸引了很多人，这到底是为什么？归根到底，需要理解流量的底层逻辑，掌握"优质"的核心（图1-7）。

图1-7　优质短视频的特征

一、引起共鸣

优质的短视频内容一定是贴近生活，能够引发用户情感共鸣的。这类内容传递的情感主要表现创作者与用户有共同的经历、共同的生活处境及共同的观念等。想要短视频内容贴近生活、引发用户共鸣，那么短视频的选题就很重要，一定要从用户的角度出发，选择用户关心的问题。例如，一些"我的国"类的账号，能激发很多用户的民族荣誉感等，这类视频容易上热门。一些分享自己经历、故事的账号，通过分享自己经历某件事之后的感悟，让刷到视频的用户有代入感、认同感。

二、尽量让客户获得使用价值

在视频里分享好用的生活小技巧、专业知识和生活常识等，可以让用户感觉有所收获。一些很受欢迎的时尚博主，会教人怎样化妆、保养等。以家装类的短视频为例，用户装修最想了解的是什么？无非就是避免入坑，花更少的钱装出更满意的效果。那么在设计短视频内容选题的时候，就可以将内容设计为："装修注意这5点，舒适度提升一大截""厨房装修怎样更省钱""盘点那些中看不中用的家装设计"等。当想要装修、正在装修的用户刷到这些短视频时，就会驻足观看，增大点赞、收藏的概率。

三、满足大众的各种想象

"无法得到的始终在躁动"说的就是这一道理。要学会把别人的小宠物，别人的衣食住行，恰当地应用到自己的短视频里，让别人去帮你完成想做却害怕做或做不到的事。

四、具有明显的矛盾冲突

常规的事不容易引起人们的关注，也很难调动人们的情绪，因而要学会制造一些"小惊喜"。例如，人物角色真实身份的变换、认知能力的变换，故事情节的翻转等。总而言之，冲突与反常带来的戏剧化效果，会给观众留下深刻的印象。

五、给人愉悦的感受

现在很多无厘头的、可爱的、逗趣风格的不同类型搞笑短视频，深受广大用户的喜爱与关注。笑点是热门短视频常用吸引人的手段之一，大部分用户刷短视频都是为了休闲娱乐。如果创作的视频让用户觉得索然无趣，用户就会很快地刷过，去看下一个视频。此视频的完播率就会变得很低，上热门的概率也同样会变得很低。但如果该视频剧情或台词让用户觉得有趣好笑，那么用户就会继续看下去，视频的完播率就会变高，上热门的概率也会变大。

第三节　优质短视频内容的塑造

单一或者没有创意的视频常会无人关注或让用户流失。面对这种情况该如何处理？塑造优质短视频内容有6个条件。

一、精准定位

创作者要想在短视频制作上获得成功，就必须对自己账号的发展方向有一个清晰的定位，然后再去定位目标用户群体和产品服务，这样获取的用户更容易转化为粉丝。

二、塑造形象

塑造具有自身特色的账号形象，这样才能能让用户看到短视频就快速地联想到账号。例如，设置一句有特色的宣传语，让用户产生记忆点，看着这句话就能想到它的出处（图1-8）。

图1-8　优质短视频拍摄场景

三、语言艺术

不论什么类型的达人，都需要良好的语言沟通能力。这样才能够把自己想要表达的内容清晰地传达给用户，能够将视频内容讲述得充满趣味性，从而提升用户的兴趣，将用户带入视频的情景当中，引起用户的共鸣。

四、自主创新

短视频的内容，要不断地推陈出新。只有好的创意，才能不断地提升用户的兴趣，也才能够提升自己塑造内容的热情。时代在不断进步，流行元素也在不断变化，如果不能紧跟时代的发展，创作者被用户抛弃只是时间的问题。

五、持续更新

稳定且持续地输出内容，是创作者必备的基本素质。想要留住用户就要保持用户的活跃度，而提升用户的兴趣需要大量内容和账号的长期维护。保持稳定的内容输出，能够培养用户的阅读习惯，对于用户留存有极大的帮助。

六、互动交流

想要更好的用户转化，除了视频的质量要高，还需要通过与用户间的互动不断地拉近与用户的距离。例如，及时反馈用户的留言，记住一些活跃度高的用户账号，不断地与其互动，让粉丝感受到自己被重视，从而提升粉丝的黏性。

第四节 短视频制作流程

一、前期准备

制作短视频要有前期准备工作，包括人员的配备、内容的方向和领域、装备的购置（图1-9）、拍摄技术的学习等。这些都是短视频制作的前期准备，制作前准备妥当，才能更好地制作出满意的短视频。

二、编导策划

短视频的每一集拟定选取哪些有价值的主题，设定哪种风格，设计哪些内容环节，如何把控视频时长，如何进行脚本编写，这些都需要在视频拍摄前期策划好。这也是短视频创作中最核心且重要的环节，它往往决定着整个短视频效果的成败。整个环节主要由编剧、导演和其他一些相关人员参与完成。

图1-9　短视频拍摄装备

三、素材拍摄

按照已经策划与设计好的内容制作方案，运用一定的拍摄设备进行有序的拍摄，这是拍摄短视频最初的素材采集需要。素材拍摄完成后需要进行一定的修改和加工编辑，之后才能进一步地制作短视频。拍摄工作包括摄影器材的配置，演员与场景的选择，机位的摆放与切换，灯光的布置，收音系统的配置等。

四、剪辑合成

将短视频原始素材进行剪辑，去粗取精，以更好地展现短视频的内容，符合策划方案的要求，获得更多、更持久的粉丝。常用的简便剪辑软件有：剪映、巧影或者短视频平台内置的拍摄制作功能；相对复杂且功能更全的软件有：Premiere、Final Cut等。初学者可以先用手机版的剪映App练习，如果想要往专业制作方向发展，建议在电脑上用Premiere软件剪辑，专业的剪辑软件可以让工作效率大大提高。

五、推广运营

短视频制作完成后，需要投放到各个渠道平台，以获得更多的流量曝光。现在，越来越多的平台参与到短视频的市场争夺战，各自推出的优惠与激励政策不同，再加上各个平台推荐算法系统的差异，使我们在进行短视频投放的时候，需要熟知各平台的推荐规则。同时，我们应该积极寻求商业合作、互推合作等方式来拓宽短视频曝光渠道，以增加流量。

本章总结

  本章简述了短视频的概念、发展历程、特点和类型，帮助读者了解短视频这一新兴的视频形式。通过介绍打造高质量短视频的方法，为大家提供制作优质短视频的"捷径"，并对短视频的制作流程进行了详细讲解。希望读者能够将个人独具创意的想法融入短视频中，创作出更多受人喜爱的优质作品。

课后作业

  收集国内短视频平台（不少于5个）信息，从中选择一些优秀的博主，对其短视频作品的点赞、评论和收藏等数据进行分析，总结出不同短视频平台的特点和优秀博主作品的成功因素。

思考拓展

  现在短视频作品同质化严重，很多短视频创作者抄袭跟风、盲目追热点，这对短视频的发展很不利，如何创新是摆在创作者面前最迫切的问题。学习短视频的首要任务是提高认识，坚持原创，洞悉潮流趋势，用新的技术、新的思维去开拓创新。

课程资源链接

课件

第二章 短视频创作前期准备

知识目标

（1）了解短视频团队组建的架构。

（2）了解短视频的拍摄设备。

（3）了解短视频的制作软件。

能力目标

（1）具备短视频团队组建的能力。

（2）掌握短视频创作的拍摄设备的使用能力。

（3）具备短视频创作的软件应用能力。

第一节　团队组建

短视频创作从策划、制作到运营，每一步都有比较复杂的流程，需要建立团队来完成一系列的工作。要想持续地给用户提供有价值的内容，就必须具备持续制作高质量内容的能力，因此拥有一支优秀的短视频内容制作团队至关重要。组建短视频制作团队是短视频运营前期工作中非常重要的一个环节。一个优秀的短视频制作团队可以最大化地保证短视频成品的质量，保证高效地产出成果。快速组建视频内容制作团队重点在于先确定需要哪些工作人员，再根据具体情况做出结构调整，从而达到一个最佳的人员配置组合，并确定团队内部具体的工作流程。这是短视频内容制作工作能够有条不紊展开的重要保证。组建短视频团队分为三部分。

一、内容创作人员

内容创作人员相当于团队的总导演，主要负责短视频垂直领域的内容，对短视频的风格、拍摄内容进行策划。内容创作人员在团队组建初期，带领团队确定制作视频的大方向后，结合视频播放效果，结合团队能够持续输出的内容，再确定具体的小方向。

内容创作人员要清醒地认识到领域垂直的重要性，不断通过短视频的播放效果，研究同类大号、解读后台数据等方式，聚焦并优化选题内容。

在和粉丝互动、平台推荐过程中，创作者需紧跟热点、策划爆点，打造自己专业领域的标签。尤其要考虑后期的收益，避免盲目跟风。

二、技术人员

在团队组建初期，基于成本的考虑，建议拍摄、剪辑工作由一人承担。在前期拍摄和后期剪辑中，技术人员需要精通技术，愿意不断学习和摸索新技术，熟悉拍摄和剪辑风格在不断地学习中提高创作水平与制作的效率（图2-1）。

图2-1　短视频摄影师与设备

图2-2 短视频拍摄器材组装

三、运营人员

首先，运营人员需要准确把握平台调性，对各平台的推荐机制、平台流量、粉丝的兴趣点，尤其需要对平台的盈利模式，有准确的把握。其次，他们需要做好短视频文案的写作与推广等工作。对于运营人员而言，准确地解读后台数据，能够做好和平台客服的沟通，收集平台信息等工作是基础。运营人员工作的效果直接影响短视频内容的选择。再次，他们需要对用户有相当的敏感度，准确把握用户的需求，增加用户黏性。能根据自己专业领域的标签在多平台卡位，打造多平台矩阵，以及平台间的引流，让变现来得更快，走得更远。

最后，团队成员间的相互磨合和配合很重要，这有利于团队向业务精、深、准方向不断迈进，形成良性循环（图2-2）。

第二节 拍摄设备器材准备

一、摄录设备

常见的摄录设备有电影摄像机（图2-3）、电视摄像机、讯道机、单反相机、无反相机（图2-4）、运动相机（图2-5）、无人机（图2-6）、手机（图2-7）等。

常见品牌有：阿莱（Arri，德国）、Red（美国）、索尼（Sony，日本）、松下（Panasonic，日本）、佳能（canon，日本）、kinefinity（中国）、大疆（DJI，中国）等。

当前，短视频创作常选用手机作为拍摄设备，其具有以下优点。

（1）携带便利。手机是一种随身携带的设备，几乎每个人都拥有一部手机，无需额外携带大型摄像机或相机设备，方便在任何时候、任何地点进行拍摄。

（2）相机技术的进步。现代智能手机配备了高质量的摄像头和先进的相机技术，可以拍摄高分辨率的视频，具有良好的曝光和对焦控制，并支持多种拍摄模式和滤镜效果。

图2-3 电影摄像机　　　　　图2-4 无反相机

图2-5 运动相机

图2-6 无人机　　　　　　　图2-7 手机与稳定器

（3）简化工作流程。使用手机进行拍摄后，可以直接进行后期制作和编辑，无需将素材转移到其他设备上，大大简化了工作流程，提高了效率。

（4）社交分享便捷。手机作为社交媒体的主要渠道之一，拍摄的短视频可以轻松地在各种社交平台上进行分享和传播，与观众互动。

（5）创作自由度。手机拍摄可以灵活应对各种情况，拍摄角度和位置更加灵活，也更容易获得真实、自然的镜头效果，有助于创作出独特且生动的短视频作品。

尽管手机拍摄具有许多优点，但对于一些专业级的制作需求，仍可能需要使用专业摄像机或相机设备。然而，对于大多数日常的短视频制作而言，手机已经成为一种便捷、高效且质量可靠的选择。

图2-8 手机与外置镜头　　图2-9 手机与外置广角镜头

二、手机外置镜头

手机外置镜头是固定安装在手机原生镜头上的一种外置镜头设备，目的是弥补手机自带镜头取景范围、对焦距离等方面的不足，让手机通过添加不同功能的手机外置镜头（图2-8），拍摄出更加理想的画面。

目前市场上销售的手机外置镜头常用的有广角（图2-9）、鱼眼、微距、长焦等。衡量一款镜头是否适合自己有很多指标，如自己更专注于某一个领域的拍摄需求，镜头材质、成像效果、成像清晰度、拆装难易、便携程度等。

手机外置镜头并不适合所有的手机，尤其是双摄手机。不管是苹果手机还是安卓手机，都无法使用副摄像头，这是目前所有外置镜头都存在的问题。镜头与手机是否匹配，主要看手机外置镜头能否安装；以及手机外置镜头口径能否完全覆盖住手机原装镜头。

尽管手机外置镜头有多重优点，但在选购时一定要清晰地知道镜头是不是适合自己的手机，否则再好的利器也派不上用场。一定要认真关注手机外置镜头的各项指标，选择合适的为宜。

三、辅助拍摄的稳定类设备

稳定的镜头画面是好视频的基础要求。为了达到镜头画面的稳定，我们需要借助一些用于辅助拍摄的稳定类设备。这类设备根据镜头特点常分为固定镜头稳定设备和移动镜头稳定设备（图2-10）。固定镜头常用的稳定设备是三脚架（图2-11）、独脚架（图2-12）等，搭配机械云台可以让摄影机实现稳定的摇镜头效果；移动镜头常用三轴稳定云台来保持画面的稳定。三轴稳定云台是指在俯仰轴、横滚轴和航向轴这三个轴向上，通过相互的补偿来达到镜头画面的稳定，其结构常有机械和电子之分，当前我们主要以电子稳定设备为主（简称为电子稳定器），电子稳定通过安装在三个轴向上的电机，外加优秀的算法来实现画面的稳定。这其中又根据搭载的设备的重量分为影视级重型电子稳定器、中型稳定器（图2-13）和手机稳定器等。常见的稳定器多为国产品牌，在这一领域，我国自主研发与生产的电子稳定设备在全球的占有率已经遥遥领先其他国家。其稳定的性能、优秀的算法、合理的价格让全球的视频创作者连连称赞，例如，大疆（DIJ）、智云（ZHIYUN）、飞宇等自主品牌，常用型号有大疆的RONIN如影系列、智云的CRANE系列、WEEBILL系列等，我们可以根据实际需求合理选择稳定类设备来完成视频创作。

图2-10 便携式手机稳定器　　　　图2-11 相机三脚架

图2-12 相机独脚架　　　　图2-13 相机稳定器

四、辅助音频设备

　　清晰、干净且合理的音频同样是一个好视频的基本要求。许多刚入门的短视频创作者往往只关注炫酷的镜头语言而忽略了音频的重要性，这使得所创作的作品即使画面清晰、构图漂亮、内容优秀，但音频出现了严重的问题，从而导致观影体验非常糟糕。例如，人物对白不清晰，音量忽高忽低，背景声过大，声音嘈杂等，这些都是对视频作品的致命打击。当然这些问题我们可以通过专业的音频处理软件，对声音进行降噪、消除杂音、平衡声音等后期处理，但是这大大降低了创作的效率。我们应该在拍摄前期选择合适的辅助音频设备，避免此类问题的发生，从而提高视频创作的效率。下面我们根据拍摄短视频的特点来学习如何选择合适的辅助音频设备。短视频创作的辅助音频设备一般分为麦克风、影视录音机、耳机及收音附件等。

1. 麦克风

　　麦克风是一种将声音转换成电子信号的换能器。通常，大多数的摄录设备有内置麦克风，在记录画面的同时也一同录制了声音。那为什么我们需要单独的麦克风？其原因有两点。

第一，摄影机集成的麦克风因考虑与摄影机机身的融合往往只能做得很小，这就导致其音质不会太好，所录的声音往往只能用作现场参考音。

第二，众所周知，大自然里声音靠空气传播，声源与麦克风的距离对音质影响有直接关系。声源距离麦克风越近，所收集的声源越清晰、越好，反之麦克风收录的声音越小、越不清晰。集成在摄影机上的麦克风因无法单独改变其与声源的距离，在如中景、远景等景别的拍摄时就无法很好地完成声音录制工作，所以，综合以上两点，我们需要单独的麦克风来提高声音的质量。

创作短视频该如何选择合适的麦克风呢？那就要简单了解麦克风的类型。按照麦克风的工作原理，一般可以分为电容麦克风、动圈麦克风、驻极体麦克风和铝带麦克风等，由于驻极体与铝带麦克风不是常用的影视麦克风，所以我们在这里只讨论电容麦克风和动圈麦克风。

（1）电容麦克风。由于电容麦克风灵敏度较高的特性，它所录出来的声音还原度较高，其性能强、频响宽、瞬时快、还原好，能从容处理高声压，音色清晰透彻。因此常常用于电影电视剧原声录制、配音对白录制、音乐乐器拾音录制等（几乎所有影视用麦克风都是电容麦克风）。电容麦克风也有很多分类，根据其指向性的不同分为全指向型（图2-14）、心型、超心型、八字型等。根据传输方式可分为有线麦克风、无线麦克风等。我们可根据拍摄需要灵活选择。例如，纪录片拍摄可选择新型指向枪式电容麦克风（图2-15）；口播剧情类短片可选择全指向无线领夹麦克风（图2-16、图2-17）；美食、风景等题材拍摄可选用立体指向麦克风。电容麦克风录制的声音虽好，但是由于其本身较为灵敏的特性，很容易把环境音也一起录制。

图2-14　相机和机顶麦克风

图2-15　枪式麦克风

图2-16　无线领夹麦克风

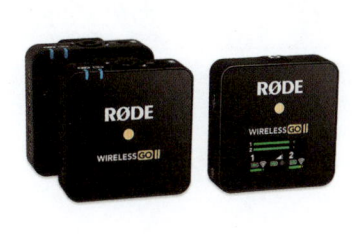

图2-17　小型无线领夹麦克风

（2）动圈麦克风。相对于电容麦克风，动圈麦克风的灵敏度不是很高，可以很好地隔绝环境音，常常用于嘈杂的收音环境。我们常见演唱会歌手用的话筒、大型活动的采访话筒等，以及日常生活中我们常见的KTV话筒就是动圈麦克风。除此之外，动圈麦克风优点还有非常皮实、耐用、抗摔。拍摄一些MV、大型活动采访等题材时，常选择动圈麦克风。

2. 影视录音机

选择合适的麦克风确实能够有效提高视频的音质，但当遇到拍摄现场有多种音源时，所选用的摄影机麦克风输入通道又只有一个，所有的声音都由一个麦克风收录，这种情况仍然无法保证声音质量。最好的解决方案是摄像和录音分开录制。使用一台影视录音机，它们有多个音频输入的选项，这意味着可以将拍摄画面中不同的声音录制到单独的轨道上，从而可以为后期提供更多的混录控制。影视录音机可以更好地控制增益和音频监控，还可以录制高质量未压缩的WAV格式，比经过压缩处理的Mp3格式质量更高。

初学者选择影视录音机可以考虑入门级的产品，千元价位的影视录音机便可记录高达96kHz的采样率和24位的位深度的声音文件，例如ZOOM的H4n、H5和H6以及Tascam的DR-40、DR-60d、DR-70d等。当然也可以一步到位，购买Zoom F4、F6（图2-18）、F8这种更专业的产品，将大大改善短视频的声音。

3. 耳机及收音附件

耳机常用于拍摄现场的监听，现场拍摄时导演、摄影师、录音师都需要耳机用来监听现场的收音情况，以确保声音的完整、清晰。影视制作常用头戴式有线耳机作为监听工具（图2-19）。

麦克风防风罩（图2-20）。我们看到室外拍摄、专业录音室或采访人物时在麦克风上套个海绵罩子或毛茸罩，除了可以防止风声对收音的影响，还可以防止人物说话喷出的气流声。通常风的流动以及演员说话时会引发气流冲击，麦克风受到气流冲击后会形成噗噗声，或者一些爆破声，而防风罩就可以很好地缓解这个问题，使我们的声音收录清晰，防止出现杂音、破音。

麦克风挑杆。将XLR枪式麦克风通过防震支架连接到挑杆上。收音师通过手举挑杆或者把挑杆架在C型脚架上，从而让麦克风在不穿帮的情况下尽可能地接近声源，这可得到更高质量的声音。

图2-18　影视专业录音机　　　　图2-19　有线监听耳机　　　　图2-20　麦克风防风罩

五、辅助灯光设备

短视频摄影是用光的艺术，离开了光线，画面将是一片漆黑。合理的光线除了能够给影片带来质感上的提升，还能帮助影片更好地表达主题。高品质短视频拍摄离不开灯光的布置，不同的光线布置方案，往往会得到不同的画面效果（图2-21）。

图2-21 布光拍摄现场

影视拍摄所用的灯光设备分类多样，常根据光源类型分为：镝灯（图2-22）、LED灯（图2-23）、钨丝灯等。镝灯常用于电影工业，优点是亮度高、质量高、还原度高；缺点是较为笨重、颜色单一、使用工业用电、需要搭配专业的电影灯光团队。镝灯不太适合小团队拍摄时使用。LED灯常指影视LED灯，灯光品质同样优秀，虽然亮度上无法和影视镝灯相比，但因其小巧的体积、可变色温色相、灵活的供电方式等，非常适合个人或者小型剧组的拍摄使用。钨丝灯具有价格便宜、灯光质量非常高、无色差等优点，但因其使用钨丝为发光源，非常容易产生高温而引起灯管爆炸损坏，安全系数不高所以逐渐淘汰了。除了灯体之外，还有很多控光设备。例如，聚光灯、柔光罩、反光板、底布、黑旗、白旗、标准罩、反光伞（白、银）、蜂窝灯罩及各种类型的照明辅助设备。

综上所述，个人创作者一般选用小型的LED影视灯光设备进行补光，例如，LED影视灯棒

图2-22 镝灯　　　　　　　　　　图2-23 LED灯

图2-24　LED影视棒灯　　　　　　　　　图2-25　直播现场用灯

（图2-24）、200W以内的影视LED聚光灯、平板灯等，搭配可折叠的反光板和小型柔光罩，便可满足个人短视频拍摄对灯光的基本要求。小团队可选用300W以上、1200W以内的LED影视灯光（图2-25），搭配专用灯架、黑旗白旗等附件，可以做到对光线的合理控制，满足短视频创作的一般要求。而大型电影电视拍摄团队都会配备灯光组，灯光组根据导演需要调动大型灯光设备，这些设备需要专门人员与专门的设备进行安装，摄制组通常采用租赁的方式。

第三节　策划短视频脚本

一、短视频脚本概念

短视频脚本又称故事板（Storyboard），是我们拍摄短视频的依据。短视频脚本的创作是为了提前统筹安排好每个人、每一步所要做、该做、怎么做的事情，确定故事到底在什么地点，什么时间，有哪些角色，以及角色的对白、动作、情绪的变化等。这些细化的工作都是在脚本上需要清晰确定的。它是为效率和结果服务的，是为了获得最佳的画面形式，以及最快速地完成视频拍摄的一种重要手段。

二、脚本的类型

短视频脚本的呈现形式一般分为3大类：①纯文字类脚本；②图文并茂类脚本；③动态类脚本。

纯文字类脚本。这种脚本类型主要依赖文字的呈现，通过文字叙述来传达故事情节、对话或解释内容。在视频中，文字会以字幕、标题或其他形式出现（表2-1）。

表2-1　纯文字类脚本

镜号	景别	镜头技巧	时间	画面内容	对白	音乐、音响	备注
1	全景	向右横移	6秒	人物走在街上，然后转身		高跟鞋脚步声	
2	近景	推镜头	3秒	回头看		街边环境音	
3	特写	固定镜头	2秒	从包里掏手机		打开包的声音	
4	中景	推镜头	5秒	按手机号		按键声音	
5	近景	固定镜头	6秒	接通电话	你在哪呢？		
6	……	……	……	……	……	……	……

图文并茂类脚本。这种脚本类型结合了文字和图像，通过图片、插图或配图来增强故事的表达效果。文字和图像相辅相成，共同传达信息（图2-26）。

动态类脚本。这种脚本类型包含了动态元素，例如，视频剪辑、动画效果、过渡效果等。它更注重视觉上的展示和传达，通过动态的方式让视频制作者更直观地理解故事内容。

需要注意的是，这些分类方式并不是严格划分的。实际上，短视频脚本可以结合多种元素和形式，根据需要进行创作和组合。

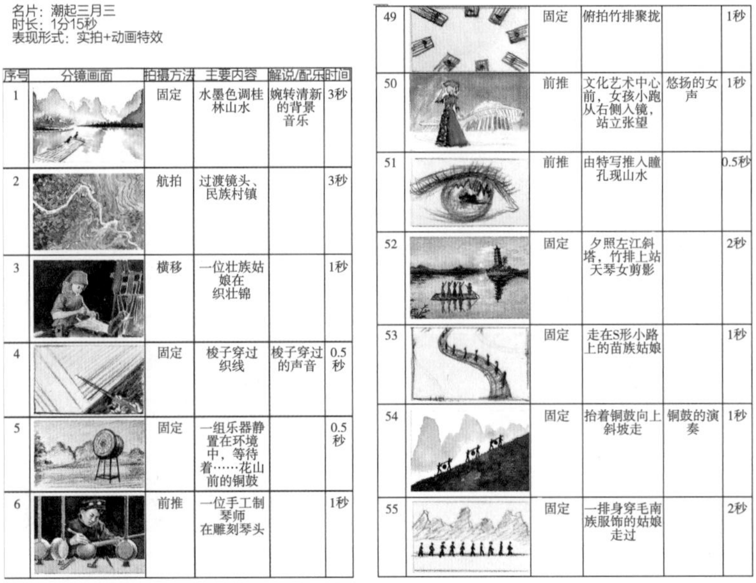
名片：潮起三月三
时长：1分15秒
表现形式：实拍+动画特效

序号	分镜画面	拍摄方法	主要内容	解说/配乐	时间
1		固定	水墨色调桂林山水	婉转清新的背景音乐	3秒
2		航拍	过渡镜头、民族村镇		3秒
3		横移	一位壮族姑娘在织壮锦		1秒
4		固定	梭子穿过织线	梭子穿过的声音	0.5秒
5		固定	一组乐器静置在环境中，等待着……花山前的铜鼓		0.5秒
6		前推	一位手工制琴师在雕刻琴头		1秒
49		固定	俯拍竹排聚拢		1秒
50		前推	文化艺术中心前，女孩小跑从右侧入镜，站立张望	悠扬的女声	1秒
51		前推	由特写推入瞳孔现山水		0.5秒
52		固定	夕照左江斜塔，竹排上站天琴女剪影		2秒
53		固定	走在S形小路上的苗族姑娘		1秒
54		固定	抬着铜鼓向上斜坡走	铜鼓的演奏	1秒
55		固定	一排身穿毛南族服饰的姑娘走过		2秒

图2-26　图文并茂类脚本

三、短视频脚本的策划

（1）定义目标和受众。首先明确短视频的目标和受众群体。考虑他们的偏好和需求，为故事和场景选择提供指导。

（2）研究和构思。进行主题和内容的研究，构思故事情节和核心概念。同时考虑场景设置，选择能够有效传达信息和情感的场景。

（3）编写脚本。根据构思的故事情节，编写详细的脚本，包括场景、角色、对话等。在脚本中适当安排场景切换，并结合爆点策略。

（4）规划分镜头和场景设置。将脚本细化为每个镜头的描述和指示，同时添加对应的场景设置。确保场景设置和镜头指示相互呼应，形成流畅的视觉叙事效果。

（5）引人入胜的开场和视觉吸引力。在视频的开头采用引人入胜的画面、音效或有趣的对白来吸引观众的注意力。同时，利用创意的场景设置和视觉效果来增加视频的吸引力和观赏性。

（6）情感触发和幽默元素。通过情感触发和幽默元素来引发观众的情感共鸣，给观众带来快乐。结合合适的场景设置和角色表演，创造令人难以忘怀的情感和幽默时刻。

（7）审查和修改。完成初稿后，进行脚本的审查和修改。确保场景设置与故事情节一致，并根据实际可行性和预算进行调整。

第四节　选择合适的制作软件

一、常用短视频拍摄类软件

手机自带拍摄工具，常用拍摄软件有抖音（图2-27）、快手（图2-28）、Protake等。

抖音是一款非常流行的短视频应用程序，它提供了丰富的滤镜、音乐、特效和编辑工具，可以轻松制作有创意、有趣的短视频。

图2-27　抖音相机　　　　　　　　　图2-28　快手相机

快手是一个社交媒体平台，它提供了拍摄、编辑和分享短视频的功能。创作者可以使用滤镜、剪辑工具和特效来创建吸引人的短视频内容。

Protake是一款专业级的移动视频编辑软件。它提供了高级的编辑功能，包括剪辑、调整颜色、添加音乐和特效等，适用于更复杂和精细的短视频制作。

二、常用视频剪辑类软件

常用的视频剪辑软件的有Premiere Pro、DaVinci Resolve、Final Cut Pro、剪映等。

Premiere Pro是一款功能强大的专业级视频剪辑软件。它提供了广泛的剪辑工具、特效、过渡效果和音频处理功能，以及强大的时间轴编辑和多轨道支持。Premiere Pro适用于各种类型的视频制作，从简单的剪辑到复杂的特效和颜色校正。

DaVinci Resolve是一款全面的视频剪辑和调色软件，广泛应用于电影和电视制作领域。它提供了高级的剪辑、调色、特效和音频处理工具，以及强大的色彩分级功能。DaVinci Resolve在色彩校正方面具有出色的表现，被认为是业界领先的调色软件之一。

Final CutPro是苹果公司开发的专业级视频剪辑软件。它提供了直观易用的界面、高效的剪辑工具和强大的特效功能。FCP支持多轨道编辑、高质量的实时预览和颜色校正，以及无缝集成的苹果生态系统。

剪映分移动端和专业版，它是我国自主开发的一款视频剪辑应用程序，由字节跳动研发。它提供了简单易用的剪辑工具、滤镜、特效和音乐库，适用于快速剪辑和分享短视频。剪映具有对用户友好的界面和实时预览功能，移动端能在手机、平板等移动设备上使用，剪辑专业版则运行在PC、MAC等桌面系统上，专业版本相对移动端能处理更为复杂的工作。它提供了更为高级的剪辑、调色、特效和音频处理工具，以及强大的AI功能，如图文成片、智能字幕等，这大大提高了短视频制作的效率。

这些视频剪辑软件都有各自的特点和优势，选择适合自己需求和技能水平的软件非常重要。如果创作者需要更复杂和专业级的剪辑工具和功能，可以考虑使用Premiere Pro、DaVinci Resolve或Final CutPro。而对于高效快速和简单的剪辑需求，剪映是一个不错的选择。

本章总结

本章重点讲解短视频制作前期的准备工作，包括选择适合的拍摄器材、策划短视频脚本和选择合适的制作软件。

课后作业

1. 选择合适的拍摄器材

比较不同类型的摄录设备，并列出其优缺点及适用场景。研究手机视频拍摄分辨率的设置方法，并尝试设置不同分辨率进行拍摄，观察其影响。

2. 策划短视频脚本

编写一个短视频脚本，包括故事情节、角色和场景设置等。研究不同类型的短视频脚本，分析其特点和适用场景。

3. 选择合适的制作软件

选择比较常用的短视频拍摄类软件，列出其主要特点和适用范围。研究并使用一个视频剪辑类软件，编辑并导出一个短视频作品。

思考拓展

初学者可以通过改进对器材的选择和使用、优化脚本策划等方式提升短视频质量。课后多关注流行趋势和社交媒体潮流，将其运用于短视频创作中。多加练习，特别是在探索新的创意表达和叙事方式上，将短视频作为传递信息和价值观念的媒介。同时，应用人工智能（AI）、无人机和360°全景摄像等新兴技术，为短视频制作带来创新和实验。通过思考和拓展这些方面，可以加深初学者对短视频制作的理解，拓宽创作思路，提升作品质量。

课程资源链接

课件

第二部分 短视频技能实践

第三章 短视频拍摄设置

知识目标

（1）了解短视频的文件格式。
（2）了解短视频拍摄设备的工作原理。
（3）了解短视频拍摄景深的控制要素。

能力目标

（1）具备短视频拍摄设备的参数设置能力。
（2）掌握短视频拍摄的曝光与对焦控制能力。
（3）掌握短视频拍摄的白平衡调节能力。

第一节　短视频常用视音频文件格式

视频文件格式是指用于存储和传输视频数据的编码方式和文件类型。视频文件格式通常包括文件扩展名（如MP4、AVI、MOV等），以及视频编解码器（Codec）和容器格式（Container）。编解码器（Codec）是一种算法，用于将视频数据从一种格式（如RAW或YUV）转换为另一种格式（如H.264或HEVC），以便更高效地存储和传输视频数据。容器格式（Container）是一种文件格式，用于将视频数据、音频数据、字幕和其他元数据组合在一起，以便能够播放和处理视频。短视频文件格式有很多种，以下是一些常见的文件格式。

一、视频格式

（1）MOV格式。Quick Time影片格式，是苹果公司开发的一种音频、视频文件格式，所以更适合苹果系统的使用和播放，QuickTime文件格式支持25位颜色，领先的集成压缩技术，提供150多种视频效果，并配备了提供200多种MIDI兼容音频和设备的声音设备。在Final Cut Pro中最稳定的一种剪辑格式。

（2）MP4格式。MP4是一种最为常见的媒体容器格式，它不仅可以存储视频和音频，还可以存储图像和文本，几乎所有设备、网站和社交媒体平台都支持该格式。MP4与MPEG-4是两个不同的概念，MP4通常使用MPEG-4编解码器进行压缩，但并非总是如此，MPEG-4本身可以应用于不同的文件格式，包括MP4、MOV、AVI、MKV、OGG和MXF。

（3）AVI格式。它的英文全称为Audio Video Interleaved，即音频视频交错格式。它于1992年由Microsoft公司推出，随Windows3.1一起被人们所认识和熟知。所谓音频视频交错，就是可以将视频和音频交织在一起进行同步播放。这种视频格式的优点是图像质量好，可以跨多个平台使用，其缺点是体积过于庞大，且压缩标准不统一。

（4）WMV格式。微软视频格式磁盘空间占地小，通常小于MP4格式，但并不推荐使用，因为播放使用的软件较少，现在媒体行业很少用这个格式来剪辑或交付成片。

（5）FLV格式。它是FLASH VIDEO的简称。由于它形成极小的文件，加载速度极快，使网络观看视频文件成为可能，所以一般在网上观看的视频都是FLV格式。

除此之外，还有其他视频文件格式有MKV、FLV、RM / RMVB、DivX、ASF、M4V、VOB、WEBM、3GP、MPEG等。每种视频文件格式都有自己的特点和用途，选择适合自己需求的视频文件格式是很重要的。

二、音频格式

（1）WAVE格式。其俗称WAV，是微软公司开发的一种声音文件格式，在剪辑设备中比较稳定，所占空间和质量都大于MP3。

（2）MP3格式。利用MPEG Audio Layer3技术，这种格式可以大幅度地降低音频数据量，能够在音质损失很小的情况下将文件压缩得更小。常用下载歌曲的格式，质量不如WAV，但所占空间小，方便下载。

（3）APE格式。APE是流行数字音乐无损压缩格式之一，这类无损压缩的格式，以更精练的记录方式来缩减体积。还原后数据源文件一样，这样可保证文件的完整性。

图3-1 音频处理设备

（4）AAC格式。其代表高级音频编码，最初是1997年由贝尔、费劳恩霍夫、杜比、索尼、诺基亚、LG Electronics、NEC、NTT Docomo和松下等科技公司开发的。尽管AAC文件听起来不如无损文件，但它可以提供比MP3更好的音频质量。

（5）WMA格式。其全称为Windows Media Audio。从名称上不难看出，它是微软的MP3版本。与AAC类似，WMA文件在相同的比特率时，可以提供比MP3更好的音频质量。然而，WMA文件类型从来没有像AAC和MP3那样流行。

以上是目前最为常见的几种音频格式。其中，MP3由于文件小，传输方便，是短视频创作者们应用最为普遍的音频格式（图3-1）。

第二节　曝光与对焦

短视频拍摄凭借一部手机就足以应对绝大多数场景拍摄的需求。拍摄者尽可能发挥手机最大的拍摄性能，以此来提高短视频拍摄的质量。

一、设置分辨率

分辨率表示拍摄画面由多少个像素点组成。例如，如果手机分辨率是1200万，那么拍出来的画面就由1200万个像素点组成；如果手机分辨率是6400万，那么拍出来的画面就由6400万个像素点组成。分辨率影响画质，分辨率越高，画面越清晰、越细腻。

在手机设置中选择1080P及以上的分辨率可以保证视频的清晰度，部分手机支持4K分辨率和高帧率慢动作拍摄。我们可以根据需求，灵活选择拍摄的分辨率以及帧率。例如，在固定机位的拍摄中可以设置为4K/30帧的高分辨率，这样方便后期的二次构图。在运动题材的项目中可设置为1080P分辨率/60帧、120帧等高帧率，方便后期变速使用。一些特殊题材，例如慢动作，可用降低分辨率的设置来保证更高帧率的拍摄，以满足后期视频慢放的需求（图3-2）。

图3-2 手机视频拍摄分辨率设置

现在的手机基本都有三个分辨率选项。需要注意的是，分辨率越大，画面越清晰，但所占内存就越大。如果用4K拍摄1分钟视频，约占几百兆的内存，而用720p拍摄只占几十兆内存（图3-3）。

二、设置帧率

帧率指相机在1秒钟内拍摄下多少幅连续的画面，它的单位是fps，即每秒传输帧数（frame per second）。视频会动，是因为视频由连续快速播放的画面形成，人的大脑看到1秒钟播放超过10张静止画面的时候，就会判定为是一个连贯的画面。人的视觉系统对画面有短暂的记忆能力，在同一形象不同动作连续出现的时候，只要形象的动作切换速度足够快，观者在看下一张画面时，会重叠之前一张的印象，由此产生形象在运动的幻觉，形成"视频"。

打开手机中的相机，选择右上角设置（齿轮图标），在设置面板中选择视频分辨率和帧率。创作者使用安卓手机在选择分辨率的时候，会有（全屏、16：9、21：9）等选项，这些是选择录制视频的画幅比例，推荐选择16：9，但如果想拍出电影般超宽银幕的效果就可选择21：9的比例。

现在的手机或相机基本都可以设置30帧或者60帧，表示每秒可以拍摄30张或者60张画面。帧率越高越好，因为高帧率能使画面更连贯、更流畅、更清晰，使人不会感觉到任何卡顿感（图3-4）。

分辨率越高，画面越清晰，帧率越高，画面越流畅。推荐选择"1080p分辨率+60帧"，而对于拍4K，大部分情景都不需要。因为首先视频很占内存，其次视频平台会相应压缩，平台不支持4K视频播放。例如，抖音最高支持1080p分辨率，微信朋友圈对视频的压缩更多。

图3-3 分辨率高、中、低比较　　图3-4 视频帧率设置

三、对焦

一个好的镜头画面必须先要有清晰的焦点（图3-5）、准确的曝光，其次才是色彩和构图。但有时候我们用手机拍摄的画面，很容易出现画面模糊（跑焦）、画面太亮（过曝）或太暗（欠曝）的情况，而不管是哪一样，都很影响画面效果。

当我们打开相机时，手机会完成自动对焦，默认的对焦点在屏幕中央。我们点击一下屏幕，就会出现一个小方框，这就是对焦点。

当我们想拍小体量的物体，如小叶子时，容易遇到对焦失灵的情况。这时运用手动对焦可

图3-5 对焦点

以解决自动对焦不准的情况,在安卓手机中,手动对焦在专业拍照模式内,点击对焦控制按钮即可手动调整焦距。

四、曝光

相比对焦,曝光更为复杂。在安卓手机中,点击屏幕对焦的同时会进行自动测光,点击亮处,画面会变暗,点击暗处,画面会变亮。测光时,相机会对测光部位进行优先调整,以保证测光部位的曝光准确。

为了同时获得清晰的对焦和准确的曝光,点击屏幕对焦后,我们可以通过点击对焦框右边的"小太阳"来调整画面,这样就能够获得清晰的对焦和准确的曝光(图3-6)。如果在逆光或者明暗对比较大的环境下,则可开启逆光(HDR)来拍摄,这样能拍出高动态感的画面。

在手机中打开相机,我们可以通过长按屏幕的方式来锁定曝光和对焦,这样无论之后怎么移动手机,对焦和曝光程度都不会改变(图3-7)。

当遇到对焦或者曝光不准确时,我们可以利用对焦与曝光锁来轻松解决这一问题。先找出容易对焦且光线良好的其他目标;点击屏幕对焦;长按屏幕锁定对焦与测光;将手机移动到之前对焦难的拍摄主体;调整拍摄距离,再移动到焦点清晰处即可。这样可以借助之前锁定的对焦距离来拍摄其他物体。

图3-6 "小太阳"曝光调节

图3-7 对焦与曝光锁定

曝光的程度主要与三个参数有关，光圈、感光度（ISO）、快门时间。这三个参数（图3-8）之间的改变，能使画面的曝光程度发生相应的改变。在手机中，每个型号的手机镜头光圈都是固定的，因此，在手机曝光中可以忽略这一要素。

感光度（ISO）可以理解为相机对于光的灵敏度，在专业拍照模式中可调整ISO值大小。从下面对比样片中我们可以看出，在快门时间设定的情况下，ISO值越大画面越亮，但画面噪点也明显增加，画质逐渐下降（图3-9）。

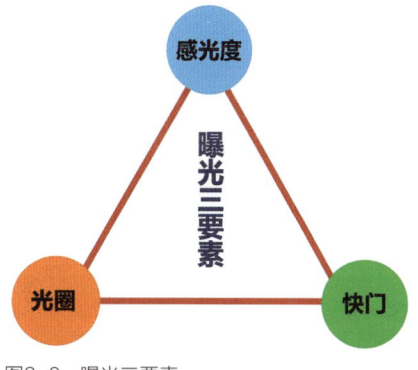

图3-8 曝光三要素

快门可以理解为拍摄一张照片所需的时间。在拍摄夜景时，快门往往高达几秒、数十秒，甚至几十秒，这就是我们经常说的长曝光。在ISO固定的情况下，改变快门时间，时间越长画面就越亮（图3-10）。

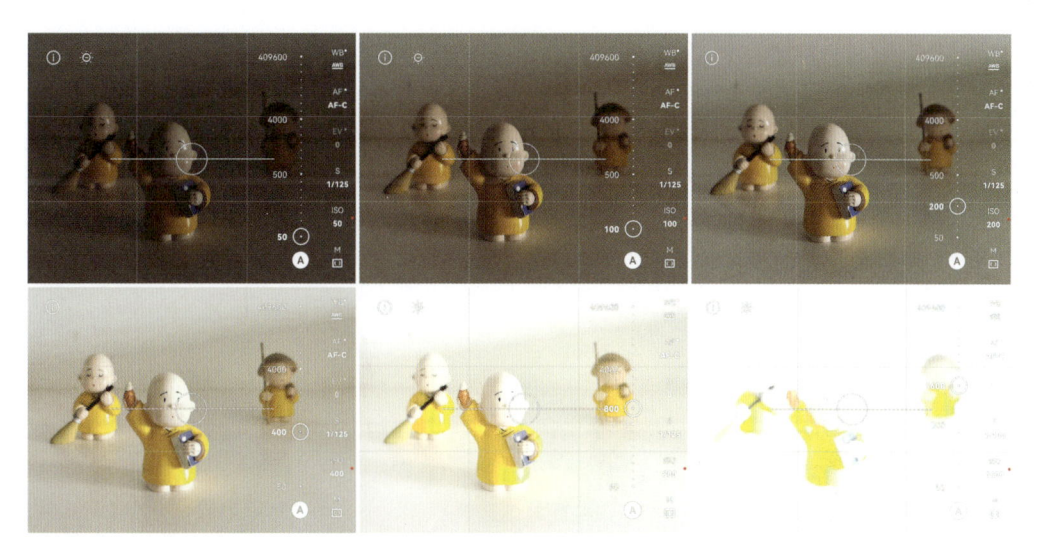

图3-9 ISO对曝光的影响

图3-10 快门对曝光的影响

第三章 短视频拍摄设置 | 031

一般来说，手机拍摄视频，快门会控制在1/60秒以上，这样可以得到清晰流畅的画面。但用微单相机拍摄时，快门时间一旦低于1/20秒，拍摄出来的运动画面会有模糊拖影的效果。

第三节　景深

　　景深一般指在摄像机镜头或其他成像器前，能够取得清晰图像时所测定的被摄物体前后距离范围。换句话说，在摄像机聚焦完成之后，焦点清晰的一段从前到后的距离就叫景深。控制景深范围的大小，就如同控制了画面中主体、背景和环境的关系，拍摄者可以根据自己的主观需求，获得不同的拍摄效果。

　　景深控制是短视频摄影师必备技能之一，它对视频画面呈现效果的影响非常明显，主要体现在以下两个方面。

一、浅景深

　　浅景深指画面中焦点前后的景物影像清晰范围小，在景深范围之内的景象会清晰呈现，而在景深范围之外的物体会虚化模糊，从而让主体从背景中脱颖而出，让次要的物体虚化隐去（图3-11）。在实际拍摄过程中，浅景深带来的虚化模糊效果可以用来简化杂乱的背景。浅景深适用于拍摄人像、野生动物、植物、静物或产品等题材。由于前景和背景景物大都虚化，画面会给人带来一种梦幻的感觉，具有飘渺迷离的效果。

二、深景深

　　深景深即画面中焦点前后景物影像清晰范围大，画面中的大部分元素都清晰可见（图3-12）。深景深经常用于拍摄风景题材。前后景物清晰、实在，给人一种真实的感觉，具有赏心悦目的表现力。深景深效果还适用于街拍和集体照等。

图3-11　浅景深 　　　　　　　　　　　　　图3-12　深景深

三、控制景深的方法

在实际拍摄过程中，控制景深的方式有三种（图3-13）。

第一种是光圈控制法。光圈孔径越大（光圈数值越小，如F1.4），景深越浅；光圈孔径越小（光圈数值越大，如F22），景深越深。大光圈的特点是获得浅景深，虚化背景，令画面朦胧，让主体剥离出来。而小光圈则会让主体以外的前景和背景保持清晰，不容易模糊，达到深景深的效果（图3-14）。

第二种是焦距控制法。镜头焦距越长，景深越浅；镜头焦距越短，景深越深。当我们使用长焦镜头拍摄时，可以压缩空间的纵深感，填平前后景的距离，使背景虚化，达到浅景深效果。反之，用广角镜头拍摄，拍摄范围变大，突出近大远小的透视效果，但会夸大前景与后景的空间距离感，使画面四周发生畸变，达到深景深的效果。

第三种是拍摄距离控制法。相机与拍摄对象距离越近，景深越浅；相机与拍摄对象距离越远，景深越深。当我们靠近拍摄主体时，主体与相机的距离拉近，而主体与背景的距离比例变大，导致背景在景深范围之外，这会形成浅景深效果。当我们拍摄远处的风景时，在同比例情况下，更多画面元素处在景深范围内，所以背景更清晰，形成深景深的效果。

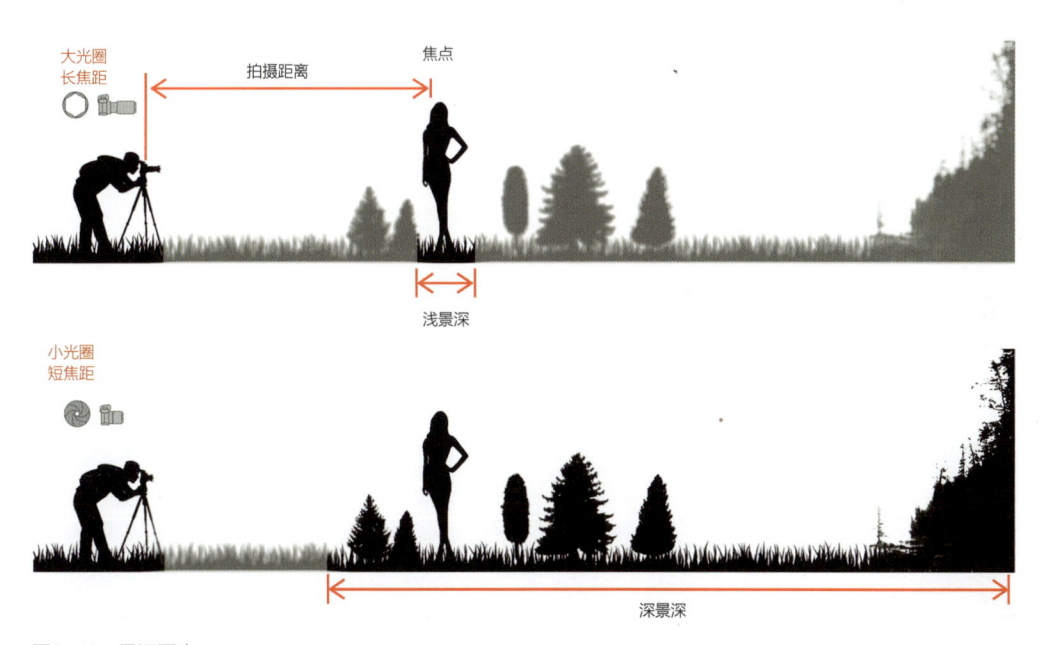

图3-13 景深要素

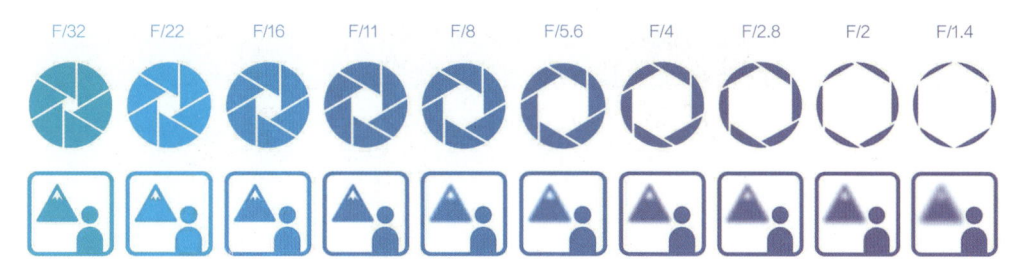

图3-14 光圈对景深的影响

图3-15 景深焦点变换

以上三种方式组合，可以变换出各种清晰度、虚化程度不同的画面效果。景深长短各有好处、各有表现力。所以，一个镜头画面应该使用多大的景深，取决于这个镜头要传达什么信息，摄影者应根据不同的拍摄对象、实际场景和拍摄意图综合考虑，巧妙选择（图3-15）。

第四节 色温与白平衡

一、色温

色温是表示光线中包含颜色成分的计量单位。从理论上说，黑体温度指绝对黑体从绝对零度（-273℃）开始加温后所呈现的颜色。黑体在受热后，逐渐由黑变红，转黄，发白，最后发出蓝色光。当加热到一定的温度，黑体发出的光所含的光谱成分，就称为这一温度下的色温，计量单位为"K"（开尔文）。色温值越高，光源发出的颜色就越偏冷色调；色温值越低，光源发出的颜色就越偏暖色调（图3-16）。

在晴天拍摄时，光线的色温很高，拍摄出的画面会偏冷色调（图3-17），而在日出、日落时分拍摄，光线的色温较低，拍摄出的画面呈暖色调（图3-18）。

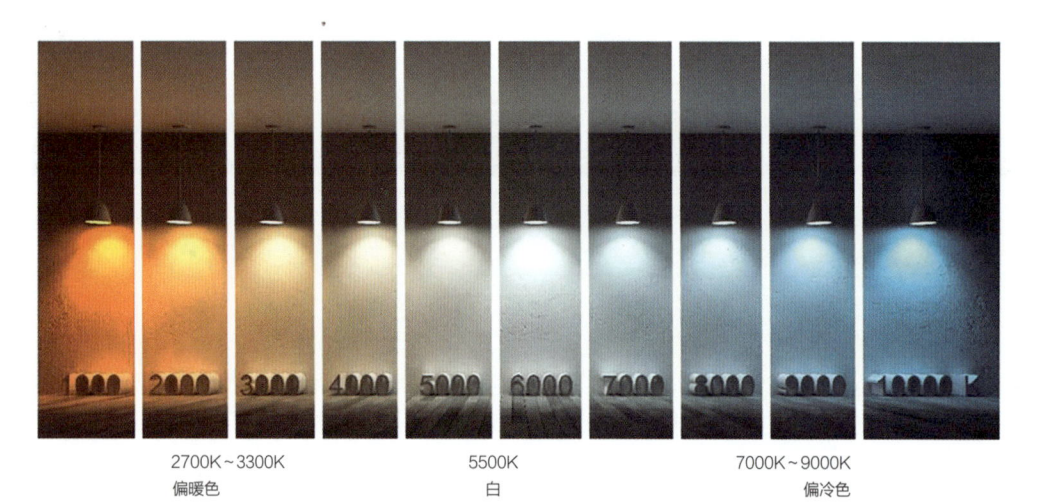

2700K~3300K　　　　　5500K　　　　　7000K~9000K
偏暖色　　　　　　　　白　　　　　　　　偏冷色

图3-16 色温变化

图3-17 高色温　　　　　　　　　　　　图3-18 低色温

二、白平衡

将一张白纸放在黄色灯光下，白纸会被渲染成黄色；而将白纸放在蓝色灯光下，白纸则会被渲染成蓝色。即使被外界不同光线渲染成其他颜色，但我们还是知道这张纸本身是白色，只是在不同灯光下的渲染效果而已。但是相机功能达不到时，就无法分辨是物体本来的色彩还是渲染后的色彩。这个时候我们需要设定相机的白平衡。它的作用是将不同色温值下的物体还原到真正的色彩（图3-19）。

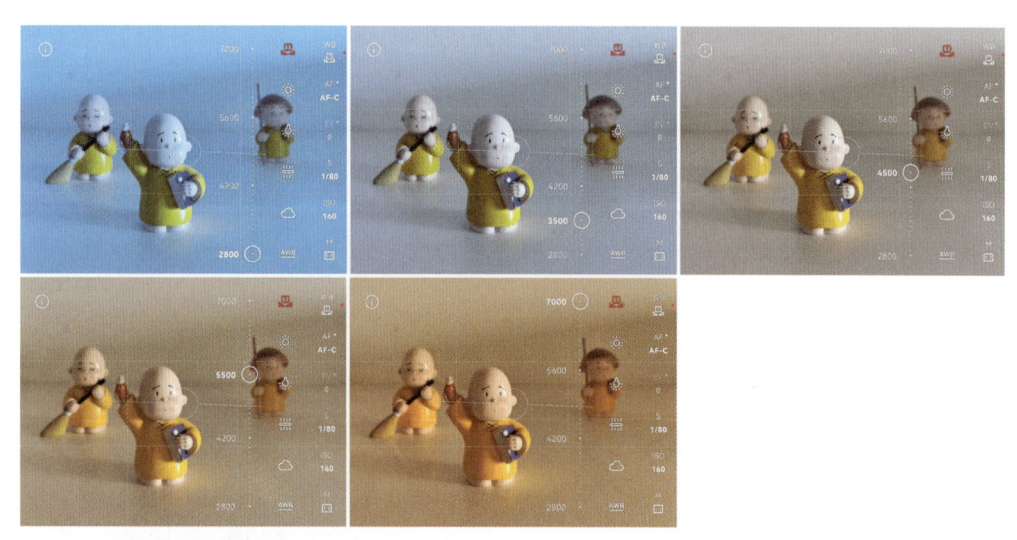

图3-19 不同色温值拍摄效果

三、白平衡应用

在拍摄一个偏暖色调的场景时，如果不想画面偏暖色调，而想还原画面中物体本身的色彩，那可以有以下几种操作。

1."k"选项

进入相机的白平衡菜单，点击进入后，选择"k"选项，这样就可以手动调整色温值。例如，我们用色温表测量（图3-20）得到拍摄的环境色温值为4000k，此时环境中的物体是偏暖色的。想要还原物体本身的色彩，就选择"k"选项，然后把色温值调为4000k，这样就可以还

图3-20 色温值测量　　　　　　　　　　　图3-21 白平衡色温值设置

原物体本身的色彩了。在"k"模式下，把色温值调整到当前环境的色温值（图3-21），就能还原环境中物体本身的色彩。

2. 场景模式

在没有色温表的情况下，不知道当前环境的色温值是多少，则可以考虑场景模式。相机内置了很多场景模式，例如，日光、阴天、钨丝灯、荧光灯等。根据拍摄环境选择对应的模式来拍摄，但因为是内置模式，精准度与效果未必能达到理想状态（图3-22）。

3. 自定义白平衡

拍摄前先找一张白纸，用相机对着白纸，使白纸填满镜头画面，然后用手动对焦拍摄一张白纸的照片；再在相机菜单中设置，将这张照片作为基准，定义精准色彩；最后在白平衡菜单里选择"自定义白平衡"。

自定义白平衡指设置出当前色温环境下白色的标准。这时相机会以这张白纸的色彩作为基准白色，最终环境中其他物体的颜色以此为基准还原。

自定义白平衡是最精准的，所以专业摄影师在拍摄前一般会通过自定义白平衡来确定白平衡。

4. AWB模式

AWB模式是自动白平衡，由相机自动调整白平衡，不需要人为去调整。大多数情况下自动白平衡是能满足日常拍摄的，但如果要拍摄高质量的视频或照片，建议一定要自定义白平衡或者调整k值来拍摄，这样才能确保每个镜头画面不会偏色（图3-23）。

图3-22 场景模式白平衡选择　　　　　　　图3-23 自动白平衡选择

本章总结

本章讲解了短视频常用的音视频文件格式，以及手机拍摄的基本设置。例如，像素和帧速率的设置、曝光和对焦的设置、景深的调节以及色温白平衡的设置等。希望初学者能理解各知识点并在实践操作中应用得当，解决拍摄前的硬件设置难题，确保拍摄画面质量。

课后作业

请将手机拍摄参数设置到最佳状态，拍摄三种不同色温下的同一主体，每个镜头应用不同的景深拍摄。

思考拓展

任何一种拍摄设备都有其特有的参数设置，不同品牌拍摄设备各不相同。拍摄时要注意举一反三、触类旁通，理解各项参数的工作原理，这样才能以不变应万变，充分发挥拍摄设备的优势，从而达到最佳的拍摄效果。

课程资源链接

课件

第四章 短视频画面构图

知识目标

（1）了解短视频的画面构图的美学原理。
（2）了解短视频的拍摄机位与取景的关系。
（3）了解短视频的画面色彩知识。

能力目标

（1）具备短视频拍摄构图的能力。
（2）掌握短视频拍摄的机位选择和角度控制能力。
（3）掌握短视频拍摄的色彩表现能力。

第一节　短视频拍摄景别

　　景别是指被摄主体和画面形象在屏幕框架结构中所呈现出的大小和范围。景别界定了画面表现的重点，是导演和摄像师对观众视觉心理的限定，是视觉语言的一种基本表达形式。

　　景别的取决因素有两个方面：一是摄像机与被摄主体之间的空间物理距离；二是摄像机所使用镜头的焦距长短。在拍摄角度不变的前提下，改变摄像机与被摄物的距离或改变镜头焦距，都可使景别发生变化。距离越远或焦距越短，被摄物越小，景别越大，反之亦然。在实际操作中，摄像师可根据所表现的内容、目的，把次要的、繁冗的部分去除，保留本质的、重要的、能够引起观众充分注意的画面内容。从某种意义上讲，景别的选择，就是摄像师叙事方式和对故事结构方式的选择，是摄像师创作思维活动的直接表现。不同的景别，往往意味着不同的视野、气质和韵律节奏。因此，景别选择正确与否，也体现了摄像师创作思维水平和对故事的理解程度。

　　拍摄景别一般分为远景、全景、中景、近景、特写。接下来分别讲解五种不同景别的特点与作用。

一、远景

　　远景是景别中视距最远、表现空间范围最大的一种。它通常使用广角镜头摄取远距离人物和景物的画面，以此来展示人物活动的空间背景或环境气氛。远景可以提供较丰富的视觉信息，用以表现规模浩大的人群活动，气势磅礴的宏伟壮观场面。同时，远景也常被用来抒发情感、创造意境，即通过对自然景物的描写、烘托或突出人物的内心波澜。远景常用于影片的开篇或结尾（图4-1）。

图4-1　远景

二、全景

　　全景是使用广角或标准镜头摄取人物全身或场景全貌的画面。全景具有较为广阔的空间，可以充分展示人物完整的衣着装扮、肢体动作和多个人物之间的空间位置关系。在全景中，人物与环境常常融为一体，能创造出有人有景的生动画面（图4-2）。

三、中景

　　中景也叫牛仔景别，因西部片里经常拍摄牛仔拔枪射击的镜头而得名，是拍摄叙事中最常用的景别。中景一般用来表现人物或场景的局部，拍摄人物膝盖以上位置画面，可以表现人物上半身的活动、人物之间的交流，以及表现物体内部最富表现力的结构线（图4-3）。

四、近景

　　近景是用中、长焦镜头拍摄人物胸部以上部分或物体局部的画面。近景画面是表现人物面部神态、刻画人物性格的主要景别。近景画面拉近了被摄人物与观众的距离，容易让人产生一种交流感，它也可以近距离地表现物体富有意义的局部（图4-4）。

图4-2　全景

图4-3　中景

图4-4 近景

图4-5 特写

五、特写

特写是使用长焦镜头拍摄人物或景物的某个局部细节，它有较强的视觉冲击力，起到突出与强调作用，有某种象征和暗示意义。特写和全景相比，视距差距悬殊。如果两者直接组接，会造成视觉上和情绪上大幅度的跳跃，常能产生特别的艺术效果（图4-5）。

以上五种景别中，我们把靠近远景、全景这一类的景别称为大景别，把靠近近景、特写这一类的景别称为小景别。从镜头组接而言，景别是控制视觉节奏的重要手段。大景别则意味着较慢的节奏，小景别意味着较快的节奏，两极镜头的组接也意味着较快的节奏。另外，节奏的产生与情节内容本身、剪接率、声音元素等都有着密切联系。大景别由于画面包含的景物内容广泛，人眼看清物体需要的时间较长，因此这一类镜头的时间应相应长一些；小景别由于画面构图的明确性，景物内容较少，形象鲜明，人眼看清物体的时间较短。因此，这一类镜头的呈现时间应相应短一些，远景约8～10秒，全景约6～8秒，中景约4～6秒，近景约2～4秒，特写约1～2秒。以上是依据短视频编辑结果而言的，在实际拍摄时，时间应稍长，不管何种景别，一个固定的镜头至少都应拍摄6秒或以上，同一画面内容应以多景别进行拍摄，利于后期剪辑。

图4-6 不好的景别取景

六、景别注意事项

在实际拍摄这些景别时，初学者经常容易出现以下几种错误（图4-6）。

（1）人物头部以上空间太多。取景时人物头部空间太多，这样画面重心会比较靠下，使人在视觉上出现不舒服的感觉。

（2）人物头部以上空间太少。在景别较大时，头顶空间留得很少，或者裁掉了头发的部分，这会感觉这个演员顶天立地，没有多余的空间，画面看起来比较挤。

（3）取景截取在人物关节处。拍摄时不要把脚踝、膝盖、腰部、脖子等部位截取在画面的边缘，这样会让观者感到非常不舒服，感觉演员的手或脚不完整。可以在靠近人物头部的位置进行截取，或者截取手部以下的部分。

（4）主体位置过于居中。无论何种景别，在取景时，主体尽量不要居中，主体物居中是一种能突出主体的拍摄方法，但是却容易使画面过于机械化，给人以生硬、呆板的感觉。

景别其实并没有绝对的规则，熟练应用后，可自行创新优化。根据短视频风格和剧情设定的不同，景别的应用也要随之变化。

第二节　短视频拍摄角度

在短视频拍摄中，拍摄角度十分独特而又非常重要。拍摄角度又称画面角度、镜头角度指的是摄像机拍摄镜头画面时所选取的视角。拍摄角度的不同，直接决定了画面形象主体的轮廓和构架，决定了画面的光影结构、位置关系和感情倾向。同样的人或物，由不同角度拍摄，传达的信息会截然不同。

角度体现摄影机的空间位置，影响画面的透视关系，是重要的视觉造型元素之一，也是表达短视频视觉风格的手段；角度体现摄影机与被摄体的关系，强化人物内在形象，完成基本的叙事功能；角度体现视点，表达创作者的态度、观点和立场。拍摄角度包括两方面的内容。

（1）心理角度。心理角度即叙事角度，指拍摄角度带给观众的心理感受，可分为客观性角度和主观性角度：客观性角度指从观众了解事件的要求出发，不代表任何人的主观视线的角度；主观性角度指在拍摄中从剧中的某一角色的视角去呈现所发生的事情。

（2）几何角度。几何角度即拍摄角度，几何角度是指拍摄机位与被摄对象之间形成的客观位置和角度关系。几何角度代表了直接观察的视点，包括拍摄方向（图4-7）与拍摄高度。

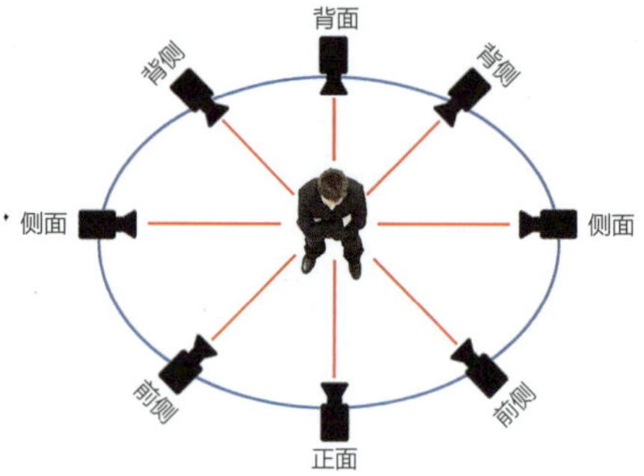

一、拍摄方向

拍摄方向是指摄像机拍摄角度在水平方向上的变化（图4-8）。

图4-7　拍摄方向示意图

1. 正面角度

正面角度是镜头正对着被摄主体的正面拍摄。它是体现物体主要外部特征的最主要拍摄角度，可以再现被摄体正面的全貌和局部，展示人物的面部表情、神态和动作。正面角度适合表现安静、平衡、庄重的主题，易于较准确、较客观、较全面地表现人或物的本来面貌，使被摄体直面镜头，产生画面内外的直接交流，让观众忽视摄影机的存在。正面角度可以把多个有联系或者差别的形象并列展示，形成对比，产生丰富内涵。其缺点是缺乏立体感和空间透视感，若使用不当容易形成无主次之分、呆板无生气的画面效果。

2. 侧面角度

侧面角度是从被摄体的正侧面拍摄。它往往用来勾勒物体的轮廓线，强调动作线、交流视线的表现，有利于表现人或事物的动作姿态，有利于清楚地交代运动物体的方向和事物之间的方位。侧面角度多用于对话、交流、会谈、接见、运动等场合。其缺点是不利于立体、空间表现。

3. 前侧面角度

拍摄人像时既能表现人物的主要面部特征，又能表现人物面部的起伏和轮廓，并矫正人物面部的缺陷。前侧面角度可以弥补正、侧面结构形式的不足，消除画面的呆板感，使画面显得生动、活泼、多变。这有利于使相互联系的事物分出主次关系，利于表现空间透视感和物体的立体感，可以充分利用画面对角线的容量，形成对角线构图。前侧面角度还有利于表现动势、动感。

4. 背侧面角度

背侧面角度使画面中的人物几乎形成背影，面部表现较少。这种拍摄方向常用于人物案头工作时的沉思、写作或站立窗前眺望远方的造型。通过人物反侧面透视的延伸，能看到桌上的物体或窗外的远处景物的画面造型。所以，用此角度拍摄，能够强调物体的线条和空间透视。

正面　　　　　前侧面　　　　　侧面　　　　　背侧面　　　　　背面

图4-8　五种角度

5. 背面角度

背面角度即从人物背后拍摄。它使被摄对象显得含蓄、丰富，代表人物与世界的疏离，也可表达隐匿而神秘的气氛。背面角度给观众带来很强的参与感、伴随感，有一定的悬念效果，但缺点是不利于交代、介绍被摄对象。

二、拍摄高度

拍摄高度不同（图4-9），会影响到画面中地平线的高低、景物在画面中的位置、前后景物的显现程度、景物的远近距离感等。拍摄高度以摄像机与被摄物体视平线上下的相对位置为标准，具体分为以下几方面。

1. 平视角度拍摄

镜头与被摄对象处在同一水平线上，接近人们平时的视觉习惯和观察景物的视点（图4-10）。平视角度通常不带情感，可以使人物更符合我们自己的愿望，其视觉效果与日常生活中人们观察事物的正常情况相似，适于表现人物的情感交流和内心活动。平视角度拍摄时被摄对象不易变形，使人感到平等、客观、公正、冷静、亲切、真实、自然的感觉。它是表现面部表情最有效的角度，因此也称为"表情角度"。平视角度拍摄使画面有对话感，使观众身临其境但空间透视效果比较差。它画面结构稳定，是新闻摄像通常选用的拍摄高度。拍摄纪录片时，拍摄者需要临时进入各种现场，面对形形色色的人，而运动摄影中的摄影师，通常是以站立的姿势肩扛或手执摄像机。这种情况下，如果被拍摄的人物比摄像机的高度更低，例如，拍摄孩子或坐在轮椅上的老人、残疾人，如果用俯拍，会显得不尊重对方，并且不利于平等的对话与交流。所以，需要尽力设法避免这种不尊重被摄对象的俯拍。

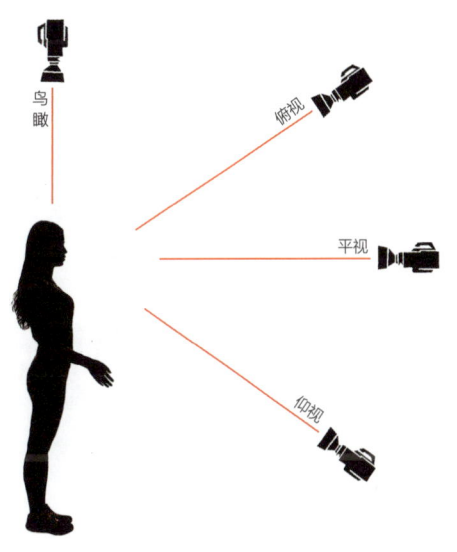

图4-9 拍摄高度示意图

图4-10 平视角度拍摄画面

2. 仰视角度拍摄

镜头置于视平线以下，由下向上拍摄被摄体，有利于表现处于较高位置的对象和高大垂直的景物。拍摄跳跃动作有夸张跳跃动作高度的作用，能增加动作的速度感，尤其是拍摄暴力镜头。仰视角度拍摄往往有较强的抒情色彩，如表示赞颂、胜利、高大、敬仰、庄重、威严、崇高等。利用广角近距仰拍，可使前景物体变得高大、有夸张作用，有利于简化背景。仰视角度镜头可以用来模拟剧中某个主人公的特定视角，或代表观众的视线，传达特殊的主观情绪效果。特殊情况下，仰角度镜头还可以模拟动物的视角，达到特殊的表达效果，产生独特的喜剧化和人性化效果。同时，仰视角度拍摄可以增加主体的重要性，使物体在观众前展开，甚至使人感到具有威胁性，产生欠缺安全感、被控制的感觉。由仰角拍摄的人物通常会使人产生庄严及令人尊敬的感觉，故常用于宣传片以及强调英雄主义的影片中，但有时也会产生恐怖的感觉。

3. 俯视角度拍摄

俯视角度拍摄是摄像机镜头置于正常视平线以上，由高处向下拍摄被摄体。其有利于表现某种气势、地势，如山峦丘陵、河流等；有利于介绍环境、地点、规模、数量，如群众集会、阅兵等；也有利于展示画面中物体间的相互关系、相互方位等。这样可以具有强烈的主观色彩，表示反面

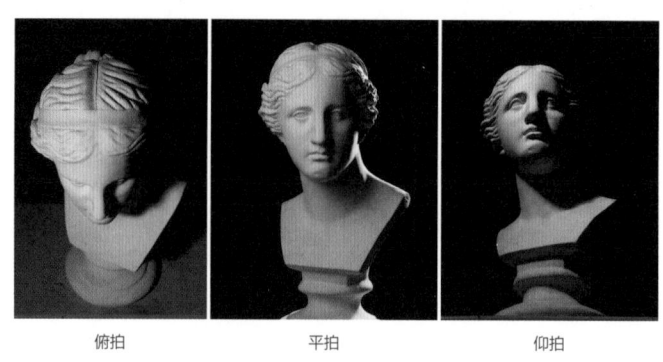

俯拍　　　平拍　　　仰拍

图4-11　三种拍摄高度效果

的、贬义的感情色彩，使观众在心理上形成渺小、可怜、压迫的感觉。它使被摄物看起来不那么高，动作显得比较缓慢，比较适合表现迟缓、呆滞的效果。俯视角度拍摄可以凸显环境。它往往用于表达蔑视的态度，或者表达怜悯的情感，观看者处于更为强势的一方。如果将仰角度镜头和俯角度镜头结合使用，还会达到对比强烈、褒贬鲜明的艺术效果（图4-11）。

4. 鸟瞰角度拍摄

鸟瞰角度拍摄指摄影机镜头垂直地从被摄物体上方自上而下地拍摄，又叫"扣拍镜头"。其有利于强调人物、景物造型上的图案变化，往往用于展现平面上组成图案的美感。鸟瞰角度拍摄俯瞰大地，可以表现拍摄物的渺小，具有较强的场景表现力（图4-12）。

5. 倾斜角度拍摄

倾斜角度拍摄时水平线多是斜的。它是使用摄影机倾斜拍摄，可以用于表现主观感受。倾斜镜头给人以紧张感，预示着转换以及动作的改变。它使水平和垂直的线条都变成斜线，使观众感到眩晕，适合拍摄动荡不安的场景（图4-13）。

虽说拍摄角度可以根据拍摄需求来任意选择，但归根结底还是要根据内容主题和被摄主体等因素来考量。拍摄角度运用得当能够丰富画面形象，烘托环境氛围，对短视频剧情的展开和整体视觉形式风格的形成有很大帮助。相反，如果角度不当，就很可能会歪曲人物形象，扰乱故事情节，混淆视听，把观众不知不觉地"引入歧途"。一部短视频中镜头画面缺乏角度上的变化会使观众视觉上产生疲劳感，变换拍摄角度不但是剧情的需要，更是调节画面气氛的手段。

图4-12 俯瞰角度拍摄画面

图4-13 倾斜角度拍摄画面

第三节 短视频构图

一、构图的作用

构图是指拍摄者把被摄主体及各种造型元素中的光、形、色和虚实等加以有机地组织、选择，并安排在镜头画框中，以塑造视觉形象，表达作者思想、情感，以及其作品内涵的一种创作活动。通过构图，拍摄者可以明确他要表达的信息，把观众的注意力引向他摄取的最重要、最有趣的要素。如何通过每一帧画面中各部分的布局和安排，来达到视觉上的美感并传达出创作意图，是每位短视频拍摄者都要思考的构图问题。

从最初经典的4∶3画幅窄荧幕到16∶9画幅宽荧幕，再到大宽幕2.35∶1画幅和适合手机屏幕的9∶16竖画幅，动态影像画面的构图样式一直在发生着变化。

二、构图的要素

通常镜头取景构图的元素包含：表现画面主要对象的主体；陪衬、烘托、突出、解释、说明主体的陪衬体；在画面中位于主体之前的人物或景物的前景；在画面中位于主体之后的人物或景物的后景；画面主体对象周围的人物、景物和空间的环境（图4-14）。它的主要特点是摄像构图的动态性、时限性、多视点，构图现场一次性完成，构图结构的整体性。

图4-14 构图要素

第四章 短视频画面构图 | 047

三、构图的基本要求

短视频拍摄构图要尽量满足以下五项基本要求。

（1）画面简洁。删繁就简是获取优美画面构图的第一步。

（2）主体突出。这是衡量构图的主要标准之一。构图拍摄时可以通过位置安排和利用对比关系突出主体。

（3）立意明确。构图前要先"构思"，构图是为主题思想和创作意图创造结构形式的过程。

（4）画面应具有表现力和造型美感。光线、色彩、影调和线条是造型构成主要元素：光线是影像画面的生命线；色彩用于特定氛围和艺术效果的营造；影调可以表现明暗层次和明暗关系（高调、低调、中间调；硬调、软调、中间调）；而对线条的提炼、选择和运用，是摄像师在构图时应具备的一项重要能力。

（5）前后组接有变化。变化是影像艺术的主要特征和魅力所在。拍摄者要有剪辑意识，构图时要充分考虑镜头画面前后组接关系，这些变化包括景别、角度、运动、照明、色彩等。

构图是手段不是目的，是构成影片各种形式中的一种。主题和故事是影片中起决定作用的"内容"，形式服务于内容。为了更好地表现主题，拍摄者应该努力设计最合适、最舒服、最具视觉美感的构图，但有时也要"故意"去破坏画面构图，使用不规则构图。如果某个构图优美的画面，与整个影片的风格、主题不符，甚至妨碍了影片主题思想的表达，必须忍痛割爱。

四、构图的形式

摄像构图形式按镜头画面内在性质的不同分为以下几种。

（1）静态构图。它是使用固定镜头的拍摄效果。

（2）动态构图。它是使用运动镜头的拍摄效果，即角色表演运动构成的动态构图，以及由摄像机运动构成的动态构图和角色与摄像机运动同时构成的动态构图。

（3）单构图。构图形式单一的镜头画面。

（4）多构图。在一个镜头中实现多种构图形式的变化。

（5）开放式构图。画面构图注重与画外空间的联系，造成除可视空间画面以外，还存在具有扩展性的不可视空间。开放式构图一般需要通过声画分立的手段由观众想象而存在的画外空间，它突破了原本画框局限，增加了画面本身的信息容量（图4-15）。

（6）封闭式构图。用取景框截取生活中的形象，并运用空间角度、光线、镜头等手段重新组合新秩序。同时，将取景框内看成是一个独立的空间，追求画面内部的统一、完整、和谐、均衡等视觉效果，所表现的内容只限于画面之内（图4-16）。

图4-15　开放式构图　　　　　　　　　　图4-16　封闭式构图

按镜头画面外在线条结构的不同，构图的形式分为以下几种。

（1）水平构图。水平构图传达平静、安宁、舒适、稳定的感觉，常用于拍摄湖面平川。拍摄时不宜将水平线放置于画面中间，这令让水平线将画面一分为二，会给人不舒服的感觉，除非为了追求特殊的艺术表达效果而有意设计。一般来讲，水平线条应放在画面上方或下方1/3处（图4-17）。

（2）垂直构图。垂直构图充分体现景物的高大和景深，电影画面中的瀑布、参天大树、险峻的山石、摩天大楼等可以用直线的构图中（图4-18）。

（3）对角线构图。这种构图把主体安排在对角线上，有立体感、延伸感和运动感。对角线构图常表现运动、流动、倾斜、动荡、失衡、紧张、危险等场面，也有的画面利用斜线指向特定的物体，起到视线引导的作用（图4-19）。

图4-17 水平构图

图4-18 垂直构图

图4-19 对角线构图

（4）九宫格构图。九宫格构图也称三分法构图，指被摄主体或重要景物处在九宫格交叉点的位置。此构图多以右上方的交叉点位置最为理想，其次为右下方的交叉点位置，但也不是一成不变。这种构图方式比较符合人们的视觉习惯，使主体自然成为视觉中心，具有突出主体，并使画面趋向均衡的特点（图4-20）。

（5）对称式构图。其通常指画面的主体左右或上下对称，被摄体的形状、大小、色彩、排列方式等元素互相对应。对称式构图可以给画面带来一种庄严、肃穆、稳定的视觉效果（图4-21）。

（6）三角形构图。它以三个视觉中心为景物的主要位置，形成一个稳定的三角形，具有稳定、均衡等特点。三角形构图可以使用正三角，也可以使用斜三角或倒三角。其中以斜三角形较为常用，使用中也较为灵活（图4-22）。

（7）框架式构图。这种构图是选择一个框架作为画面的前景，引导观众视线到拍摄主体上。框架式构图会形成纵深感，让画面更加立体直观，更有视觉冲击，也让主体与环境相呼应。其经常利用门窗、树叶间隙、网状物等等来作为框架（图4-23）。

（8）中心构图。中心构图就是将主体放在画面中心，它是突出主体的好方法，但很多题材使用中心构图可能会缺乏新意显得呆板（图4-24）。

（9）放射式构图。其通过画面向四周延伸的内容来表现出具有冲击力的气势。放射式构图可以有效地增强画面张力（图4-25）。

（10）S形构图。这是画面上景物呈S形曲线的构图形式，具有延长、变化的特点，使人看上去有韵律感，产生优美、雅致、协调的感觉。S形构图常用于表现河流、道路、铁轨和人体曲线等（图4-26）。

画面的构图形式除了上述这些常用形式还有一些比较少用的形式，如十字构图、交叉构图（图4-27）、向心式构图等。

构图的作用是使主题和内容获得尽可能完美的形象结构和画面造型效果，拍摄者的主要任

图4-20 三分法构图

图4-21 对称式构图

图4-22 三角形构图

图4-23 框架式构图

图4-24 中心构图

图4-25 放射式构图

图4-26 S形构图

图4-27 交叉构图

务就是要选择、组织最佳的画面结构方式，并在拍摄过程中保持高度的创作激情，使自己的画面构图得到不断优化与创新。创作者在学习构图的过程中，除了赏析优秀影视作品，还可以参考美术和摄影方面的优秀作品。

第四节　短视频色彩应用

色彩作为短视频拍摄的主体因素，在作品中表现出极其重要的地位。作品中的色彩既是语言，又是思想；既是情感，又是节奏。色彩已经成为短视频中表现主题思想、刻画人物形象、创造意境情绪、构成短视频风格的有力的艺术表现形式。

一、确定基调色深化主题

选择一种颜色作为短视频的基调色，就可以把人的情绪和感受带入到预期的情境中。例如，低饱和度的绿色基调能打造清新自然的夏日氛围，墨绿色带给人的深邃感与质感；灰调能衬托人物悲伤的情绪，烘托忧郁的氛围；浅褐色自带秋日凋零的美感，给人复古浪漫的感受。无论是剧情类、记录类还是知识分享类视频，一段视频都可以根据作品的主题和风格，确定与之相配的基调色（图4-28）。

图4-28 《布达佩斯大饭店》基调色　　图4-29 《花样年华》色彩

二、隐喻与情感

　　色彩有情绪象征的作用，可以隐喻人物的心理变化，进而影响用户的情感。例如，在电影《花样年华》中，女主角一共换了27次旗袍，不同颜色的旗袍，实际上是人物情绪及内心世界的外化表达。女主角在遇到男主角之前，穿的旗袍颜色朴素黯淡，隐喻了人物的孤独和落寞感；当她与男主角相知相恋时，旗袍的颜色随之转变为艳丽的色彩；在女主角想与男主角出走时，她所穿的绿色旗袍象征着生机与希望，代表着她对新生活的憧憬和向往。这可以看出，色彩的变化不仅反映了人物心理的微妙变化，也增强了影片的意蕴（图4-29）。

三、突出与强调

　　短视频中的色彩应相对简洁，很多颜色搭配在一起，看上去杂乱无章，会显得失去重点。我们可以通过服装、化妆或者道具的颜色来突出重点，强调细节，表达特定意味（图4-30）。例如，在黑白背景中出现一抹彩色会显得非常醒目，给人留下深刻的印象。但需要注意，重点色出现的次数不宜过多，比重也不宜太大。偶然间映入眼帘的妙手一笔，往往能达到最理想的效果。在短视频创作中，色彩不仅能增加画面的视觉美感和个性化风格，还是十分高级的叙事方式。任何色彩的搭配和使用都要建立在作者想要传递的情感之上，以此为作品增加内涵和魅力（图4-31）。

图4-30　突出主体的色彩　　图4-31　传递情感的色彩

本章总结

本章讲解了短视频拍摄的画面构图，包括景别、角度、构图形式、色彩等内容，通过分析画面构图形式使读者掌握短视频拍摄的构图技巧，理解画面色彩在短视频中构图作用。在实际拍摄中，应充分运用构图知识，拍摄出既具有形式美感又能准确表达内容的镜头画面。

课后作业

运用景别、角度和构图中的空间透视、色彩知识，拍摄5个以上镜头，30秒以内展现角色（只限人物）与空间的关系。情节自拟，要求构图规范整洁，镜头组接合理，声音与画面协调。

思考拓展

短视频作品要想易于被受众接受，简洁、优美、自然的画面内容必不可少。画面内容无需面面俱到，只需提炼所谓的"精髓"内容，突出视频画面的主体，主次分明。这样既能让人立刻领会视频所想要表达的主题，又不会让人感觉画面突兀。

课程资源链接

课件

第五章 短视频拍摄光线应用

知识目标

（1）了解短视频拍摄的光线属性。

（2）了解短视频拍摄光线的造型作用。

（3）了解短视频拍摄光线影调特点。

能力目标

（1）具备短视频拍摄布光的能力。

（2）掌握短视频拍摄灯光设备的应用能力。

（3）掌握短视频拍摄光线的控制能力。

短视频创作者要提高自己的作品质量，除了研究镜头、布景、剧情之外，还要重视光线的应用。很多绝美的画面，都少不了光的参与。光线是一种重要的造型手段，在短视频拍摄中起着传达信息、表达情绪、烘托气氛、刻画人物性格和心理变化等作用。控制光线是短视频制作中的重要一环，短视频场景中的光线与现实世界中的光是有所区别的。为了取得期望的效果，通常需对灯光进行精心设置，如灯光的数量、位置、颜色、亮度、亮度衰减、阴影及渲染设置等。它影响着短视频基调的形成和短视频风格的展现，与短视频基调形成对立统一的关系，与其他造型手段结合可表现短视频的节奏和旋律。

第一节　用光六要素

短视频拍摄用光的六大基本要素为：光度、光位、光质、光型、光比、光色。

一、光度

光度是一个应用相当广泛的概念。在短视频拍摄中，光度是光源发光强度和光线在物体表面的照度，以及物体表面呈现的亮度的总称（图5-1）。

光度主要有两个要素：一是光的强度。例如，太阳光比手电筒的光度更强，50W的灯比30W的灯光度更强；二是物体吸收光的程度。例如，镜子反射光的效果较强，水面同镜子的反射光效果相似，也较强，而石头反射光的效果则比水面低很多。

光源发光强度和照射距离影响照度。照度大小和物体表面色泽都影响光度。拍摄视频时，光度与曝光直接相关。光度大，所需的曝光量小；光度小，所需的曝光量大（图5-2）。

光源可照亮物体，它是拍摄物体的前提。光源在不同程度上照亮物体，物体的光度强弱与拍摄时获得的光量直接相关。

光源　　　　　　　　光线　　　　　　　　物体
发光强度　　　　在物体表面的照度　　　表面呈现的亮度

图5-1　光度示意图

光度高　　　　　　光度低

图5-2　光度高低对比

二、光位

光位是指光源相对于被摄体的位置,即光线的方向与角度(图5-3)。同一对象在不同的光位下产生不同的明暗造型效果。

短视频拍摄中的光位可以千变万化,但归纳起来主要有正面光、前侧光、侧光、后侧光、逆光、顶光、脚光七种(图5-4)。

图5-3 光位示意图

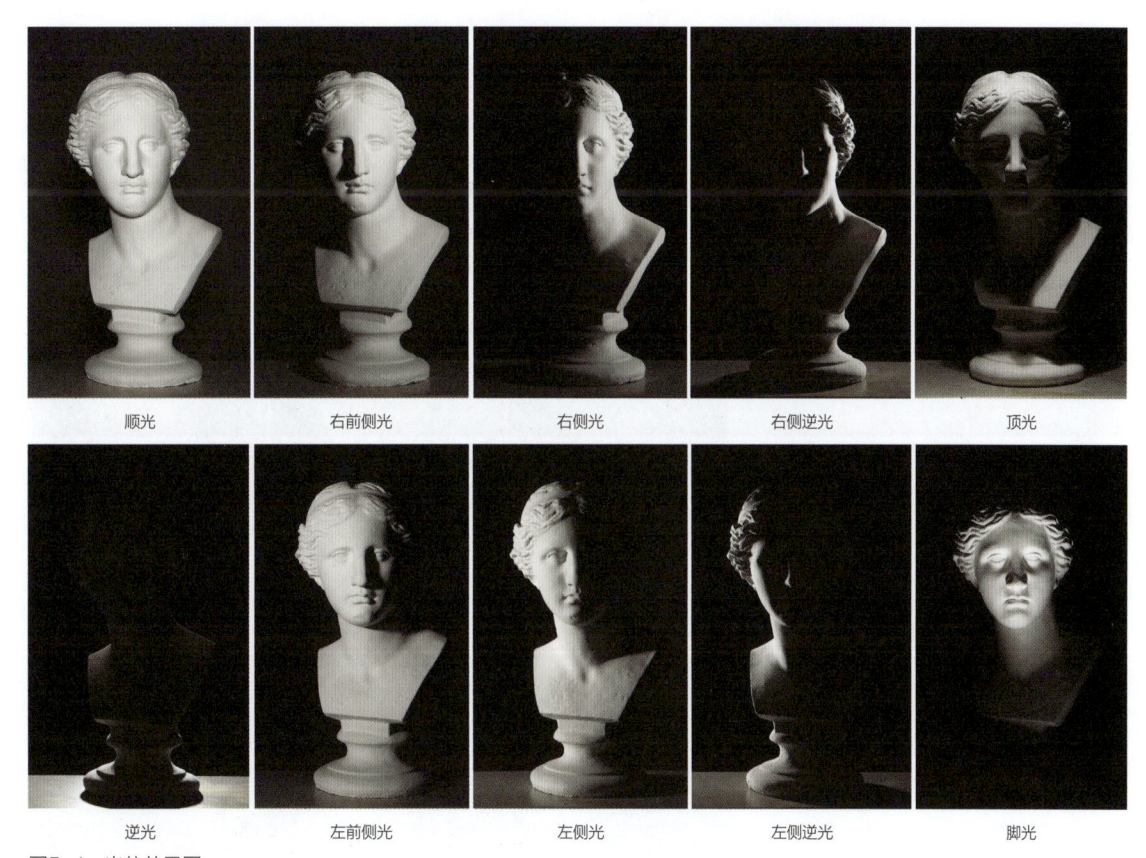

| 顺光 | 右前侧光 | 右侧光 | 右侧逆光 | 顶光 |

| 逆光 | 左前侧光 | 左侧光 | 左侧逆光 | 脚光 |

图5-4 光位效果图

三、光质

光质指光线的聚、散、软、硬性质。我们通常所说的硬光和软光以及直射光和散射光就是根据光质来划分的。聚光的特点是来自一个明确的方向,产生的阴影清晰且浓厚。散光的特点是来自若干方向,产生的阴影柔和且不清晰。

硬质光即强烈的直射光，如晴天的阳光，人工灯中的聚光灯，闪光灯的灯光等。硬质光照射下的被摄体表面的物理特性表现为：受光面、背光面及投影非常鲜明，明暗反差较大，对比效果明显，有助于表现受光面的细节及质感，形成有力度、鲜活等视觉艺术效果。

软质光是一种漫散射性质的光，没有明确的方向性，在被照物上不留明显的阴影。如大雾中的阳光，泛光灯光源等。软质光的特点是光线柔和，强度均匀，光度比较小，形成的影像反差不大，主体感和质感较弱（图5-5）。

四、光型

光型指各个光线在拍摄时的作用，一般分为以下几点。

（1）主光。主光又称塑形光，指用以显示物体、表现质感、塑造形象的主要照明光。

（2）辅光。辅光又称补光，用以提高由主光产生的阴影部亮度，揭示阴影部细节，减小影像反差。

（3）修饰光。修饰光又称装饰光，指对被摄物体的局部添加的强化塑形光线，如眼神光。

（4）轮廓光。轮廓光指勾勒被摄物体轮廓的光线，逆光、侧逆光通常都用作轮廓光。

（5）背景光。灯光位于被摄者后方朝背景照射的光线，用以突出主体或美化画面（图5-6）。

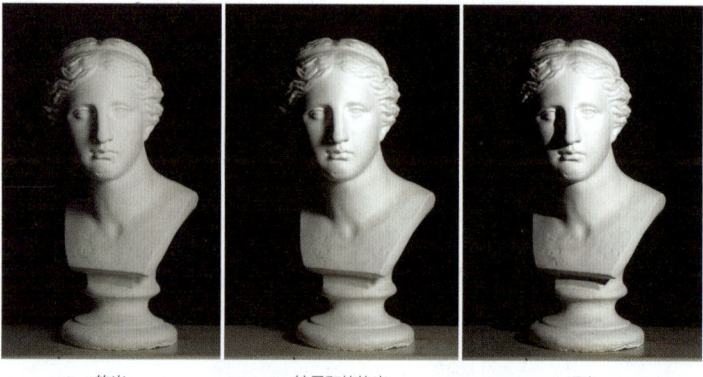

图5-5 光质效果图　　软光　　较柔和的软光　　硬光

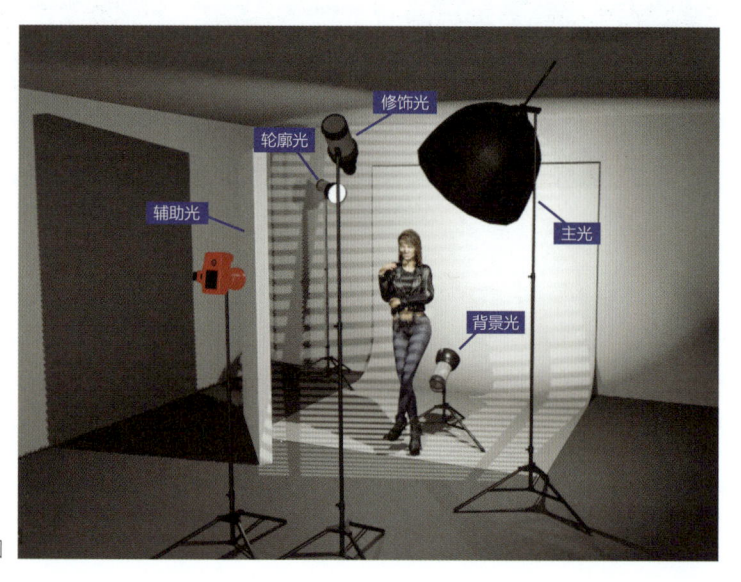

图5-6 光位示意图

五、光比

　　光比指被摄体主要部位的亮部与暗部的受光量差别，通常指主光与辅光的差别。一般情况下，主光和辅光的强弱以及与被摄物体之间的距离决定了光比的大小（图5-7）。光比大，反差就大，有利于表现"硬"的效果；光比小，反差就小，有利于表现"柔"的效果。

　　调节主、辅光的强度，加强主光强度或者减弱辅光强度就会使光比变大（图5-8），反之则光比变小。调节主、辅光至被摄物体的距离，缩小主灯与被摄物体间的距离或者加大辅灯与被摄物体之间的距离会使光比变大，反之则光比变小。有时可用反光板、闪光灯对暗部进行补光（图5-9）。

图5-7　晴天户外大光比

图5-8　室内大光比

1:1　　　1:2　　　1:8　　　1:16

图5-9　光比效果图

六、光色

光色指光的颜色或者色光的成分，也就是常说的色温。光色无论在效果表达上还是在使用技术上都很重要，光色决定光的冷暖感（图5-10）；光色决定画面整体色调倾向，对表现主题有很大帮助（图5-11）。

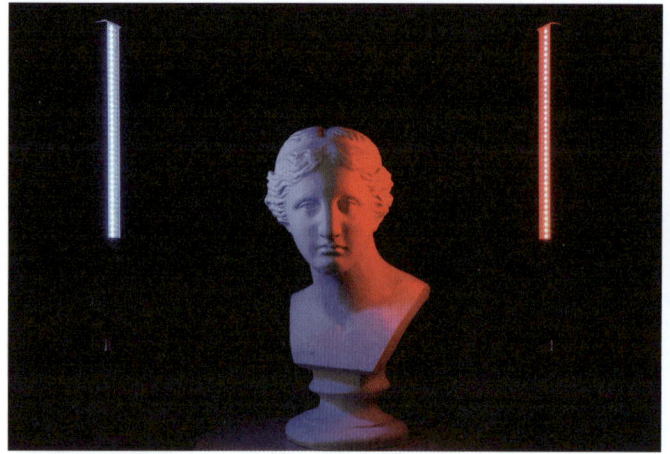

图5-10　光色效果图

图5-11　光色人像

第二节　利用自然光拍摄

要利用好自然光拍摄短视频，就要学会感受光。一天中的不同时段，太阳光的光线强度和入射角度不同。早上光线弱且暗，不适合拍摄；中午光线太亮，容易造成拍摄画面曝光过度。光线太强烈、气温太高还会影响镜头拍摄的状态。

一、晴天的拍摄技巧

日光充足的晴天，光线充足，容易拍摄出较好的效果。晴天也是弹性最大的拍摄天气（图5-12）。最好的拍摄时间是8:00~11:00和14:00~17:00，太阳光与地面的角度呈15°~60°。缺点是受外界干扰因素很大，光线不稳定，甚至有时候会因为太阳逐渐落下，导致拍摄位置一直在改变。我们应尽量选择在多云或日照充足的时候拍摄（图5-13）。

图5-12　晴天拍摄画面

图5-13　晴天色彩饱和

二、阴天、雾天的拍摄技巧

（1）阴天。阴天的云层厚，常可完全遮挡住太阳，阴天的光线以散射光为主，较为柔和。在阴天环境下，画面的色彩会显得非常深沉（图5-14）。整个色调显得比较阴郁。

阴天较厚的云层，可以看成天然形成的柔光板。在这种环境下拍摄的景物，阴影不会太过强烈（图5-15）。由于阴天的光线不足，拍摄人像时可以使用反光板来补光。

（2）雾天。雾天是受很多摄影师青睐的天气，云雾缭绕给人一种置身于仙境的感觉。雾可使画面产生虚实对比，为画面增添意境。尤其是拍摄山峦时，云雾缥缈的感觉可以让画面中的山峦显得更有灵气。

在雾天拍摄，拍不出蓝天白云的远山之美，但可拍出云雾缥缈的梦幻境地感。早晨拍摄时，山峦之间笼罩着浓浓的白雾，可给人一种身处人间仙境、世外桃源的感觉。山间的浓雾呈虚实构图，可以营造出梦幻般的效果。

在拍云雾缭绕的仙境效果时，最好选择在雨后的清晨拍摄，因为这个时候最容易起雾。相比晴天、阴天而言，雾天所拍摄的短视频更唯美（图5-16）。如果在雾天拍摄有人物的短视频场景，人物仿佛置身于仙境中。山峦和水面中缭绕的云雾，像一层面纱，为大自然增添了几分神秘的色彩，引起人们对云雾背后景物的好奇心和无限向往之情。

图5-14 多云转阴天气拍摄画面

图5-15 阴天拍摄画面　　图5-16 云雾缥缈的效果

三、特殊光线下的拍摄技巧

拍摄短视频，要善于追求和表现各种光影之美。可以根据作品的主题思想或者画面内容，用不同的影调色彩来塑造人物或者景物的形象，使其达到完美的光影艺术效果。

1. 日落剪影

傍晚时分，太阳下山前的半小时，光线柔和，天空的色彩丰富。这时拍摄剪影主要表现的是轮廓美，对于细节要求不高。拍摄前可以准备一些道具，例如，鲜花、帽子、风车等，并提前找好拍摄场地，构思好构图。一般来说，尽量选择空旷、简洁的背景，如海边、草原等。这样更有利于突出剪影效果（图5-17）。拍剪影时，最重要的就是控制曝光量。用手机拍摄时，往下拉"小太阳"的标识可降低曝光量，形成剪影效果（图5-18）。

2. 夜景光影

夜景是镜头中的一道亮丽风景线，通常拍摄城市、古镇的夜景视频，都可以通过多彩的灯光效果来表现。滨江城市沿岸非常适合拍摄夜景光影短视频（图5-19）。在光线较好的地方拍摄的视频画面会比较有吸引力。

图5-17 日落剪影人物   图5-18 日落剪影风景

图5-19 夜景光影画面

3. 烛火光影

在室内，使用手机拍摄烛火光影的短视频时，蜡烛光芒会展现出特有的暖色调，产生一种独特的氛围，利于拍出效果理想的视频。

4. 复古格调

用短视频表现电影画面般的复古影调，拍摄复古风的视频，需要准备好极具古风气质的服装和相应的妆容。拍摄时环境灯光要偏暖，形成复古的光影色调，这样才能更加轻松地拍出复古风视频。

在室内拍视频，白天还是晚上都可以，因为拍视频的补光光源都是用专业的人造光源。如果完全依赖自然光，而不用室内拍摄，那会因光线条件很被动，要拍出满意的画面质感需要抓得住光线正好合适的瞬间。

使用自然光拍摄效果好，显色指数高，拍出来的画面色彩最真实，但白天的太阳光不可控因素强，天气阴晴不定，从而产生明暗、色温的变化。而且依靠窗户投射进室内的自然光来拍摄，光位是单一的。难以掌控的自然光源，很多时候宁可不要。

四、拍摄高质量视频对灯光的要求

（1）亮度足够满足场景补光要求。这是基础，因为灯光的首要任务是用来补光。现在的专业影视灯能做到功率的极细微调整，所以，灯具功率可以越高越好，创作空间和灯光调整区间都会更大（图5-20）。

（2）无频闪、光线柔和。高清摄影机镜头里的光源，必须是恒定且稳定的，这样才能保证画面的质感。柔和的光线才能更接近自然光，画面也会更干净舒适。如果不便于携带柔光箱，从灯的物理结构来达到柔光效果，常见拍摄短视频的平板灯和卷布灯，就可以实现柔和光效。

（3）显色指数高。灯光有了高显色指数，才能保证灯光下的画面颜色与现实中无差别，否则就会偏色，后期处理也非常局限，因此灯光显色指数至少需95以上，接近太阳光。

（4）色温可调。清晨、日暮、篝火、烛光等场景都会用到暖光，这样才能达到贴近真实又极具氛围感的效果。单色温灯造价低一些，可以配备暖色片，但现场拍起来频繁更换会略微麻烦。

（5）运动场景要求灯光便携性。实现一个运动场景的全场景灯光布置，需要一套非常专业且昂贵的灯光设备，如果是小成本拍摄短视频，会比较有压力，更便捷的方式就是多一两个人手，手持便携灯光跟随主角移动，或者可以使用装在相机热靴座上的小平板灯。

（6）特殊场景需要带场景光的RGB灯。如果视频中涉及酒吧、聚会、节日、烟花、科技感等元素，一台RGB全彩灯可以提供不同的颜色光，也可以使用场景光来达到身临其境的画面感受。

（7）小型灯尽量多备一些。在一些不能使用家居照明的室内场景，需要在橱柜、电视机背后、冰箱、沙发后、茶几柜等地方"藏灯"，达到多角度布光的同时，塑造出空间立体感（图5-21）。

（8）大功率的场景光至少需要一台。夜里的室外场景，没有其他光源也没有大灯来照亮整个空间时，全景拍摄是看不到人的，所以至少需要一个大功率的场景光，然后在拍摄人物近景时再用小功率的灯光辅助补光拍摄。

（9）电池供电的灯光一定要有。首选"双电源供电"灯光，这样在没有供电线路的场景拍摄，也不愁补光问题，灯具都是高耗电产品，购买时可多备几块电池。

图5-20　户外灯光应用

图5-21　棒灯补光

（10）万能折叠反光板。对于强度不大的阴影面，应用反光板补光是最方便、快捷、灵活又实惠的补光方式。

第三节　画面影调

短视频画面表现出影像的明暗层次，简称影调。光线是短视频拍摄的造型手段，影调是它在画面中的表现形式。它在很大程度上会决定画面的气氛，是传达情绪和形象塑造很重要的手段，影调控制也是短视频摄影师所要考虑的最重要事情之一。在很多短视频作品中，影调已经超越了时间和空间，成为一种传递感情、表达情绪的主要方式。

影调首先体现着时间和空间气氛。白天是明亮的，夜晚是黑暗的。但是作为一种艺术表现手段，影调还体现着感情。明亮的影调洋溢着轻松的气氛；低暗的影调往往令人感到压抑窒息。

一、影调类别

根据画面明暗所占的比例可分为：高调、低调、灰色调（中间调），其中高调又叫亮调，低调又叫暗调。

以浅白灰至白色及亮度比较高的色彩为主构成的画面影调为高调。高调画面整体较亮，但

图5-22 《生命之树》高调画面　　　　　　　　　图5-23 《至暗时刻》低调画面

有时会点缀少量的较暗的画面元素来增加层次。高调画面一般用来表现梦幻、欢乐、光明、纯洁、轻松、明快和冰冷等心理情绪，一般采用较为柔和的、均匀的、明亮的顺光（图5-22）。

以由灰到黑或亮度较低的色彩为主构成的画面影调是低调。低调画面通常多用于表现神秘、压抑、沉重、恐怖等心理情绪。低调表现的感情色彩比高调更强烈、深沉。它伴随着作品主题内容的变化，显示着各自不同的面目。低调作品通常采用侧光和逆光，使物体和人像产生大量的阴影及少量的受光面，有明显的体积感，重量感和反差效应（图5-23）。

灰色调有其独特的魅力。基调的性格特征并不明显，但画面层次丰富、细腻。它往往随着画面的形象、动势、色彩、光线的不同呈现出不同的感情色彩。它讲究用光，一般为多光源综合配置。用灰色调来表现大自然的景观是很理想的。灰调善于模糊物体的轮廓，营造柔和的、恬静的、素雅的秀美，又有表现雨、雾、云、烟的专长。

二、影调情绪

影调所体现的情绪强度，一般是通过影像的亮度反差表现出来的。反差大，影调硬，表现的情绪强度就高。反差小，影调软，表现的情绪强度就低。根据光线的性质可分为：硬调、软调、中间调。

硬调。明暗对比和色彩对比强烈，画面中两个相邻的区域反差较大，影调过渡层次较少。影调衔接生硬，我们的眼睛从最高亮度陡然跌落到最低亮度，从最低亮度直接跳跃到最高亮度。会形成强烈、尖锐、快速的视觉起伏和情绪波动。以硬调拍摄人物，会使人物显得性格坚强、硬朗、粗犷豪放，进而表现出强大的力量感；硬调画面一般多用于表现战争、恐怖、压抑等气氛。硬调多采用侧光、侧逆光，使得拍摄对象受光面和背光面产生明显的光影对比（图5-24）。

图5-24 《缺席的人》硬调画面

图5-25 《现代启示录》
硬调画面

以硬调拍摄环境，就会使环境带上我们上面所列举的那种高强度的情绪气氛，尤其是画面整体亮度偏低的时候，这种高强度的情绪气氛就会更加强烈和浓重（图5-25）。

软调。画面中明暗和色彩对比柔和，相邻区域反差较小，中间过渡层次丰富。在拍摄时多采用散射光、正面光减少投影，冲淡阴影的暗部。画面上影像亮度均匀一致，物体几乎没有着光面与背光面之分。整体影调趋于灰平，因而软调所形成的视觉起伏和情绪波动都是舒缓平和的。拍人物，会使人物显得温和、细腻、恬静、含蓄；拍环境，就会使环境带上我们上面所列举的那种低强度情绪气氛（图5-26）。当画面整体亮度偏高的时候，这种低强度的气氛就会使人更加赏心悦目、心旷神怡（图5-27）。

图5-26 《她》软调画面

图5-27 《赎罪》软调画面

介于硬调和软调之间的调子，可称之为中间调。它的亮度反差接近于人眼在正常情况下观察事物的感受。因此，它所表现的情绪一般是正常、平和、客观的。由于我们的眼睛对光线明暗的正常感受，并引起生理和心理的不同反应，才会使影调的软硬产生不同的感情强度。

三、影调搭配

在大多数情况下，硬调通常和暗调搭配使用，软调和亮调搭配。因为一个总体比较暗的环境中，打到主体身上的光通常都会显得比较突出，而一个总体很亮的环境中，光线的反射也较多，通常都会削弱阴影。但也有一些例外，比如电影《至暗时刻》（图5-28），几乎全片都是暗调，画面笼罩在一片黑暗中。其中有少量画面其实反差很小，人和背景相融合，也看不出明显的轮廓和反差。而在一个亮调的画面中做出硬调效果，则更为少见。有一些在外景中靠遮光接近这个目标的，如《血色将至》的画面（图5-29）。

对于如何把短视频故事讲得更加精彩，影调的作用不容忽视。画面的视觉冲击力会带给观众强烈的感官刺激和感官联想，让作品的力量更加强烈和动人，甚至画面本身就直接可以从生理和心理上给观众带来震撼。拍摄中影调设计没有一定的陈规，完全是服务于表达、情绪和故事。

图5-28 《至暗时刻》影调

图5-29 《血色将至》影调

本章总结

本章讲解了短视频拍摄的用光技巧，包括光线的六大要素知识点，如何应用自然光进行拍摄以及镜头画面影调的控制。充分应用好光线才能拍摄出高品质的短视频镜头。在拍摄过程中要学会用多种方法控制光线。

课后作业

应用恰当的光影进行人物内心活动的描述，比如等待录取通知的焦虑、从失望到成功的转变（反之亦可）、选择两难、憧憬期待等，剧情自拟，不少于10个镜头。正确运用光线，突出主题、增强氛围。

思考拓展

布光是一项创造性的工作，它不仅体现着摄影师的个性和风格，而且关系到一件作品的成败。很多人拍摄短视频的时候，视频画质不好，没有层次感，影响短视频的质量，其实大部分的问题就出在布光上。"三分打光七分遮"，打光不是核心，控光才是。

课程资源链接

课件

第六章 短视频拍摄技巧

知识目标
(1) 了解短视频拍摄的基本要领。
(2) 了解短视频的镜头语言表达逻辑。
(3) 了解短视频的拍摄运镜中的特点与作用。

能力目标
(1) 具备短视频镜头语言的组织和分析能力。
(2) 掌握短视频拍摄的固定镜头拍摄能力。
(3) 掌握短视频拍摄的不同运镜拍摄能力。

第一节 短视频拍摄基本要领

短视频拍摄是创作的关键一步，要想拍摄出完美的镜头，短视频摄像师除了掌握足够的美学知识外，还要练就一身过硬的拍摄基本功。摄像师的基本功可以用四个字来概括：平、稳、准、匀。这四个字是短视频拍摄操作的基本要领——画面要平，画面要稳，摄像要准，摄速要匀。

一、平

平是指拍摄镜头画面的地平线要保持水平，不要倾斜，这是正常画面的基本要求。特别是当拍摄字幕或带有地平线的建筑物的镜头时，对平的要求更加严格。画面中的地平线如果处理不好，是倾斜的，虽然画面本身并不晃动，但给人的感觉就是不够稳定。本来在马路上行走的行人和行驶车辆，由于画面地平线倾斜，变成了走上下坡路。这种情况我们可以借助三脚架上的水平仪，来校准画面的水平，用肩扛式或没有水平仪的三脚架拍摄时，可以借助寻向器的横边与景物的地平线平行，纵边与垂直的线平行来获得画面的水平。有的摄像机在取景器磨砂玻璃上画有十字架，有助于保持画面水平，建筑物的墙壁灯柱栏杆等，都可以作为判断画面是否水平的依据。

二、稳

稳是指使镜头画面保持稳定，消除不必要的晃动。摇晃不定的画面不仅使观众难以看清画面的内容，而且时间一长，观众会产生一种排斥的心理，所以在摄像时，应尽可能地使用三脚架来拍摄（图6-1）。因为它在保持画面水平和稳定上起到十分重要的作用，在电视节目制作中，摄影机支座升降车或其他的移动机械也一样起到保持画面水平和稳定的作用（图6-2）。采用肩扛式拍摄时摄像员要两腿分开站稳，呼吸均匀，用力转动腰部来拍摄摇镜头。拍摄画面的稳定性，还与镜头的焦距有关，尤其是手持镜头或用肩膀扛镜头拍摄的时候焦距越长稳定性越差，晃动越大。用广角镜头拍摄运动镜头，可以提高画面的稳定性。

三、准

准是指拍摄的对象范围、起幅落幅、镜头运动、景深运用、焦点变化都要求准确，镜头的开始与结束，必须有一定的依据，而不可以随意开始，随意结束，起落幅画面要准确到位，时间

图6-1　三脚架辅助拍摄

图6-2　稳定器辅助拍摄

够长，不要少于5秒。拍摄之前应先试拍一两次再正式拍摄，镜头的运动一定要合乎观众的观察习惯。初学者需要注意的问题包括：镜头拉之前和推上去之后，要注意画面的构图，而且必须有足够的停留时间，让观众看清楚画面；拍摄有一定景深的画面时，要采用小光圈；短焦距或远距离拍摄，画面的前景深一般小于后景深。教学时可以根据需要，有时把焦点校准在前景物体，有时又可以把焦点校准在后景物体，利用焦点来调动学生的视点变化，使学生准确地观察同一幅画面上的不同主体。利用推拉镜头，拍摄不同距离的东西时，跟焦的原则是赶前不赶后，就是说调焦可以比拍摄主体略为提前而不能稍微落后，或者先调整好焦点再进行正式拍摄（图6-3）。

图6-3　目标准确

四、匀

匀是指摄像机镜头的运动要保持均匀，不要时快时慢、断断续续，要使画面节奏符合观众正常的视觉规律。镜头推拉摇移的速度很有讲究，速度不同画面语言的节奏、语气、感情色彩也不同，拍摄变焦镜头要匀速操作镜头上或三脚架上手柄的手动变焦装置，与电动变焦装置的摄远键和广角键，推拉拍摄与移动拍摄要控制好移动的工具，使其匀速运动，摇拍镜头要保证三脚架的转动灵活，然后匀速地操作三脚架手柄，肩扛式拍摄时，摄速更要讲究均匀（图6-4）。

在实际拍摄中，摄像师掌握了这四项基本要领，才可以拍出完美的镜头，为后期的编辑工作奠定良好的前提。可为何有些影视作品中经常看到一些摇摇晃晃或者是歪斜的镜头？这是因为摄像中的平、稳、准、匀是摄像师基本功的要求，但并不是每一个镜头都要求平整，而是要根据具体的情况去应用不同的表现方式。有些镜头为了突出角色的情绪和特殊的状态，会刻意地打破基本要领，如模仿醉汉的跌跌撞撞，拍摄追逐奔跑或晕眩等情节；为了表现音乐的时尚动感，会用一些不规律的快推快拉和摇晃镜头进行拍摄；突发新闻现场的纪实拍摄，由于情况紧急，摄像师为了捕捉新闻事件画面不得不快速反应而产生的摇晃感。以上打破常规的拍摄方式都是建立在平、稳、准、匀基本功的基础之上的，掌握好基本功，摄像师就可以更自由地去拍摄最合适的镜头画面（图6-5）。

图6-4　身体匀速运动拍摄

图6-5　稳定器运镜自如

第六章　短视频拍摄技巧 | 071

第二节　短视频镜头语言

一、镜头语言

　　短视频的艺术表现形式和传统影视作品的表现形式不同,传统影视作品的时间较长,内容的表达较完整,通常是由演员来完成,而短视频的艺术表现形式较为复杂抽象,也就是说在运用镜头语言上二者是有很大区别的。想要拍摄出高质量的短视频就需要摄影师熟练掌握镜头语言的特点。

　　镜头语言是构成短视频的主要元素,短视频的艺术表现形式就是通过镜头语言来表达的,镜头语言在短视频的拍摄中起着决定性的作用,所以我们有必要对短视频的镜头语言进行深度分析。

二、短视频镜头语言的具体分析

1. 镜头语言的含义

　　镜头语言就是用镜头像语言一样去表达创作者的想法,观众通常可从摄影机拍摄的画面中看出拍摄者的意图,因为可从其拍摄的主题及画面的变化,感受拍摄者透过镜头所要表达的内容。镜头语言虽然和平常讲话的表达方式不同,但目的是一样的。镜头语言没有规律可言,只要用镜头表达创作者的想法,不管用何种镜头方式,都可称为镜头语言。

　　短视频的表达方式主要通过拍摄者运用不同的镜头语言,从而表达不同的中心思想。需要摄像师能够深刻理解所拍摄的镜头含义,从而更好地去捕捉画面,通过对镜头的调整把整个故事的主题呈现给观众,并给人留下深刻的印象(图6-6)。

图6-6　镜头拍摄练习

2. 镜头语言在短视频中的作用

　　短视频创作中最重要的元素之一就是镜头。它能够直接表达出短视频的内涵和艺术效果,因此镜头语言在短视频中起着重要作用。镜头语言的运用直接影响一部短视频的制作效果,这就要求摄影师能够熟练、准确地运用镜头语言,从而拍摄出脍炙人口的短视频作品。在整个短视频拍摄过程中,包括前期的统筹安排和中期的拍摄阶段,以及后期的镜头制作都离不开镜头语言的贯穿。

首先，在前期筹划阶段，拍摄者根据故事情节的需要和表现思想的需求做好统筹规划，根据镜头语言来确定短视频的时长。其次，在短视频的拍摄过程中，镜头语言的运用将会影响短视频的整体艺术效果，正是摄影师对镜头语言的深刻理解和完美使用，才能将简单枯燥的叙述故事转变成复杂、有血有肉的艺术形象，并呈现给观众。镜头语言在此阶段的运用将直接决定短视频的成败。最后，在短视频的后期制作中需要拍摄者熟练、科学地运用镜头语言，将其进行加工重组，进而将优秀的短视频作品展现给观众（图6-7）。

图6-7　单人完成拍摄

3. 短视频镜头语言与情感表达的关系

无论是影视作品还是短视频，作品呈现给观众的最大价值就是使观众理解和感受其中深藏的情感。对于短视频来说，镜头语言是表达作品内在情感的主要表现形式，也就是说短视频想要把其中的思想内涵表现出来就需要镜头语言的灵活运用。短视频的作品中，大多数人都会选择全知的视点，也就是我们平时所说的用第一人称来进行叙事。叙事者不是短视频中的人物角色，这样的叙事方式具有更大的灵活性和自由性。并且现在的短视频叙事方式都选择不用旁白，让镜头充当叙述者，让观众跟随镜头语言去感受故事，体会故事的思想，这将是短视频的潮流所向。

第三节　镜头的运用

一、固定镜头拍摄

拍好固定镜头是拍摄短视频的第一步。生活中人们观察事物的方式有时候是东张西望、左顾右盼和走马观花；有时候要停下来全神贯注、目不转睛地凝视对象，仔细端详，此时视线是集中而稳定的。为了模拟这种视觉效果，作为摄像师"第三只眼睛"的摄像机也应该一动不动地"静观"，此时拍摄到的镜头就是固定镜头。

固定镜头是指摄像机在机位不动、镜头光轴不变、镜头焦距固定、画框不变的情况下，拍摄一段连续的影视画面。固定镜头是组成影视作品的中坚力量，可分为长固定镜头和短固定镜头。一般来讲，二者时长没有固定标准，但二者的侧重点有明显的区别。长固定镜头一般被用作交代完整的人物动作和场景情况；短固定镜头一般被用作强调物体细节、具体动作和重要信息，也常被用作过渡镜头。

固定镜头的画面既能表现静态的被摄对象，也能表现动态的被摄对象。固定镜头画面与运动镜头画面相比，摄像没有推、拉、摇、移、变焦等动作。固定镜头画面的景别、拍摄角度、透视关系等基本不变，画面中景物范围大小始终不变。固定镜头画面视点稳定，合乎观众的欣赏习惯（图6-8）。

图6-8　导演调控镜头节奏

二、固定镜头的功能和作用

（1）展示细节。固定镜头外部画框的相对稳定性，能够满足观众停留细看、注视观察的视觉要求。一个固定镜头就像框出一个准确的画框，可以突出画框中的关键信息，有利于表现静态对象更富有静态造型之美。固定镜头也利于体现感情，突出人物丰富的面部表情。固定镜头具有交代关系的功能，能够展现出复杂的人物关系。

（2）表现环境。大景别的固定镜头能最清晰地展现环境特征。固定镜头在短视频中则更多地交代了人物与环境的关系，达到情感渲染的目的。

（3）调控节奏。固定镜头能够客观反映被摄对象的运动速度和节奏变化。固定镜头还利于借助画框来强化动感。在固定镜头对漫长过程的呈现中，还可以使用快进将其加速，以凸显变化。固定镜头也可以使用延时摄影技巧实现快进。

（4）还原真实。固定镜头由于"锁住"了镜头，画框是静止不动的，观众常常感觉不到拍摄者的存在，这在一定程度上增加了镜头表现的客观真实性。

（5）设置悬念。固定镜头中画框的半封闭性，使表达内容受到一定程度的限制。利用画框内的元素，能够让观众产生对画框外的内容的想象，实现开放式构图。

三、运动镜头拍摄

（1）推拉镜头。镜头的推拉技巧是一组在技术上相反的技巧。推镜头相当于我们沿着物体的直线，直接向物体不断走进去观看，而拉镜头则是摄像机不断地离开拍摄物体。当然这两种技巧都可以通过变焦距的镜头来实现。

推镜头重点是突出介绍在后面的影片中出现的起重要作用的人物或者物体，这是推镜头最普通的作用。它可以使观众的视线逐渐接近被拍摄对象，并逐渐把观众的观察由整体引向局部。在推的过程中，画面所包含的内容逐渐减少，也就是说，镜头的运动摈弃了画面中多余的东西，突出重点，把观众的目光引向某一个部分（图6-9）。用变焦距镜头也可以实现这种效果，就是从短焦距逐渐向长焦距推动，使得观众看到物体的细微部分，这样可以突出要表现内容的关键。推镜头也可以展示巨大的空间。

拉镜头和推镜头正好相反。摄像机不断地远离被拍摄对象（图6-10），也可以用变焦距镜头来拍摄（从长焦距逐渐调至短焦距部分）。作用有两个方面，一是为了表现主体人物或者景物

图6-9 《天使爱美丽》推镜头

图6-10 拉镜头

在环境中的位置。拍摄机器向后移动，逐渐扩大视野范围，可以在同一个镜头内反映局部与整体的关系。二是为了镜头之间的衔接需要，例如，前一个镜头是一个场景中的特写镜头，而后一个镜头是另一个场景中的镜头，这样两个镜头通过这种方法衔接起来就显得自然多了。镜头的推拉和变焦距的推拉效果有所不同。例如，在推镜头技巧上，使用变焦距镜头的方法等于把原来主体的一部分放大后来看。在屏幕上的效果是景物的相对位置保持不变，场景无变化，只是原来的画面放大了。

拍摄场景无变化的主体，在要求连续不摇晃地以任意速度接近被拍摄物体的情况下，比较适合使用变焦距镜头来实现这一镜头效果。而移动镜头的推镜头等于接近被拍摄物体来观察。在画面里的效果是场景中的物体向后移动，场景大小有变化。这在拍摄狭窄的走廊或者室内景物的时候效果十分明显。用移动摄像机和使用变焦距镜头来实现镜头的推拉效果有明显的区别，因此我们在拍摄构思中需要有明确的意识，不能简单地将两者互相替换。

（2）摇镜头。这种镜头技巧是法国摄影师狄克逊于1896年首创的拍摄技巧，也是根据人的视觉习惯加以发挥的。用摇镜头技巧拍摄时，摄像机的位置不动，只是镜头变动拍摄的方向，这非常类似于我们站着不动，而是转动头来观看事物（图6-11）。摇镜头分为几类，可以左右摇，可以上下摇，也可以斜摇或者与移镜头混合在一起。摇镜头的作用是将所要表现的场景逐一展示给观众。缓慢的摇镜头技巧，能造成拉长时间、空间效果，并给人传达一种印象的感觉。摇镜头可把内容表现得有头有尾、一气呵成，因而要求开头和结尾的镜头画面目的很明确，从一定的被

从左向右摇　　从右向左摇

图6-11 摇镜头示意图

拍摄目标摇起，到一定的被拍摄目标上结束，并且两个镜头之间一系列的过程也应该是被表现的内容。用长焦距镜头远离被拍摄体遥拍，可以造成横移或者升降的效果。摇镜头的运动速度一定要均匀，镜头抬起时先停滞片刻，然后逐渐加速、匀速、减速，再停滞，落幅要缓慢。

（3）移镜头。这种镜头技巧是法国摄影师普洛米澳于1896年在威尼斯的游艇中受到的启发，设想用"移动的电影摄影机来拍摄，使不动的物体发生运动"。在电影中，他首创了"横移镜头"，即把摄影机放在移动车上，向轨道的一侧拍摄的镜头（图6-12）。这种镜头的作用是为了表现场景中的人与物、人与人、物与物之间的空间关系，或者把一些事物连贯起来加以表现。

图6-12 利用轨道拍摄移镜头

移镜头和摇镜头有相似之处，都是为了表现场景中的主体与陪体之间的关系，但是在画面上给人的视觉效果是完全不同的。摇镜头是摄像机的位置不动，拍摄角度和被拍摄物体的角度变化的镜头效果，适合于拍摄远距离的物体。而移镜头则不同，是拍摄角度不变，摄像机本身位置移动，与被拍摄物体的角度无变化，适合于拍摄距离较近的物体和主体。移动拍摄多为动态构图，当被拍摄物体呈现静态效果的时候，摄像机移动，使景物从画面中依次划过，造成巡视或者展示的视觉效果（图6-13）；被拍摄物体呈现动态时，摄像机伴随移动，形成跟随的视觉效果。还可以创造特定的情绪和气氛。移动镜头时除了借助于铺设在轨道上的移动车外，还可以用其他的移动工具，如高空摄影中的飞机，来表现旷野时候的火车汽车等。其运动按照移动方向大致可以分为横向移动和纵深移动。在摄像机不动的条件下，改变焦距或者移动后景中的被拍摄体，也都能获得移镜头的效果。

图6-13 《霸王别姬》移镜头

（4）跟镜头。跟镜头指摄像机跟随着运动的被拍摄物体拍摄，有推、拉、摇、移、升降、旋转等形式。跟拍使处于动态中的主体在画面中保持不变，而前后景可能在不断地变换。这种拍摄技巧即可以突出运动中的主体，又可以交代物体的运动方向、速度、体态以及其与环境的关系，使物体的运动保持连贯，有利于展示人物在动态中的精神面貌（图6-14）。

（5）升降镜头。这种镜头技巧是指摄像机上下运动拍摄的画面，是一种以多视点表现场景的方法，其变化的技巧有垂直方向、斜向升降和不规则升降。在拍摄的过程中不断改变摄像机的高度和仰俯角度，会给观众造成丰富的视觉感受。如巧妙地利用则能增强空间深度的幻觉，产生高度感。升降镜头在速度和节奏方面如果运动适当，则可以创造性地表达一个情节的情调（图6-15）。它常常用来展示事件的发展规律，或处于场景中上下运动的主体的主观情绪（图6-16）。如果能在实际的拍摄中与镜头表现的其他技巧结合运用，就能够表现变化多端的视觉效果。

（6）甩镜头。这种技巧对摄像师的要求比较高，是指一个画面结束后不停机，镜头急速"摇转"向另一个方向，从而将镜头的画面改变为另一个内容，而中间在摇转过程中所拍摄下来的内容变得模糊不清楚。这与人们的视觉习惯十分类似，类似于我们观察事物时突然将头转向另一个事物，可以强调空间的转换和同一时间内在不同场景中所发生的并列情景。甩镜头的另一种方法是专门拍摄一段向所需方向甩出的流动影像镜头，再剪辑到前后两个镜头之间。甩镜头所产生的效果速度节奏极快，可以造成突然的过渡。剪辑的时候，对于甩的方向、速度和快慢、过程的长度，应该与前后镜头的动作及其方向、速度相适应（图6-17）。

（7）旋转镜头。旋转镜头指被拍摄主体或背景呈旋转效果的画面。这种镜头技巧往往用来表现人物在旋转中的主观视线或者眩晕感，或者以此来烘托情绪，渲染气氛。常用的拍摄方法有4种：①沿着镜头光轴仰角旋转拍摄；②摄像机超360°快速环摇拍摄；③被拍摄主体与拍摄几乎处于一轴盘上作360°的旋转拍摄；④摄像机在不动的条件下，将胶片或者磁带上的影像或照片旋转，倒置或转到360°圆的任意角度进行拍摄，可以顺时针或者逆时针运动。另外，还可以

图6-14 《罗拉快跑》跟镜头

图6-15 《天使爱美丽》下降镜头

图6-16 《阿甘正传》上升镜头

图6-17 《唐伯虎点秋香》甩镜头

运用旋转的运载工具拍摄，也可以获得旋转的效果。

（8）晃动镜头。这种镜头在实际拍摄中用得不多，但在合适的情况下使用这种技巧往往能产生强烈的震撼力和主观情绪。晃动镜头技巧是指拍摄过程中摄像机机身做上下、左右、前后摇摆的拍摄。晃动镜头常用作主观镜头，如在表现醉酒、精神恍惚、头晕或者造成乘船、乘车摇晃颠簸等效果，用此方式可创造特定的艺术效果。张艺谋导演的影片《有话好好说》中应用了大量的晃动镜头（图6-18）。这种技巧在实际拍摄中所需要多大的摇摆幅度与频率要根据具体的情况而定，拍摄的时候手持摄像机或者肩扛效果比较好。

（9）综合运动镜头。综合运动镜头是指摄像机在一个镜头中，把推、拉、摇、移、跟、甩、晃、升降等运动摄像方式，按照不同程度有机地结合起来拍摄完成的镜头。有推摇、拉摇、移推、拉跟等多种形式。

综合运动镜头多样的形式有秩序地统一在整体的形式美之中，构成一种活跃而流畅，连贯而富有变化的表现样式。

综合运动镜头在表现复杂的空间场面和连贯紧凑的情节场景中，可显示出独特的艺术表现力。不论方式与秩序的先后，都比单一方式更好，可呈现出一种较为复杂多变的画面造型效果。如横移接推、先推后摇、先拉后摇等。

复杂的综合运动镜头，为人们展示了一种新的视觉效果，开创了一种观赏和认识自然景物的新造型形式（图6-19）。

综合运动镜头在运动中不断改变造型的结构和画面的主体及环境，使画面中流动着一种韵律，这是形成画面造型形式美的有力手段。画面结构的多元性，形成表意方面的多义性，丰富了镜头的表现含义。

图6-18 《有话好好说》晃动镜头

图6-19 《007：幽灵党》综合运动镜头

综合运动镜头有利于在一个镜头中，记录和表现一个场景中一段相对完整的情节；是形成镜头画面造型形式美的有力手段；综合运动镜头的连续动态有利于再现现实生活的流程；有利于通过画面结构的多元性形成表意方面的多义性；综合运动镜头在较长的连续画面中可以与音乐的旋律变化相互"合拍"，形成画面形象与音乐一体化的节奏感。

拍摄综合运动镜头需要注意的问题有：①除特殊情绪对画面的特殊要求外，镜头的运动应力求保持平稳；②镜头运动的每次转换应力求与人物动作和方向转换一致，与情节中心和情绪发展的转换相一致，形成画面外部的变化与画面内部的变化完美结合；③机位运动时注意焦点的变化，始终将主体形态处理在景深范围之内；④要求摄录人员默契配合，协调动作，步调一致；⑤防止"穿帮"，由于运动的多样性与场景的复杂性，必须注意不要把拍摄者的影子拍进画面中。

相较于其他单一运动形式的运动镜头，综合运动镜头能表达更为复杂的情节和节奏，可以在单一运动镜头中完成节奏的切换。一般的综合运动镜头由于镜头时间相对较长，就构成了所谓的"长镜头"。

以上讲述的镜头技巧在实际拍摄中不是孤立的，往往是千变万化的，并且可以相互结合，构成丰富多彩的综合运动镜头效果。但我们要采用镜头表现技巧的时候，需要根据实际的需要来确定。拍摄的时候，镜头运动应该保持匀速、平稳、果断。切忌无目的地滥用镜头技巧，无故停顿或者上下、左右、前后晃动，这样不但影响内容的表达，而且使得观众眼花缭乱。镜头运动的方向、速度，还要考虑到前后镜头节奏和速度的一致性。

四、无人机航拍

无人机航拍在短视频创作中的应用越来越普遍，越来越多的人购买消费级航拍无人机（图6-20）。虽然现在的消费级无人机操作已经非常简单，但要航拍出令人满意的作品还需要掌握一定的航拍技巧。

图6-20 消费级航拍无人机

1. 航拍飞行时要冷静

要想航拍好、要想飞得尽兴，首先就是要注意安全。注意机场净空保护区、军事禁区、政治敏感区、人口稠密区不能使用；重大活动有临时禁飞通告时不能使用。

航拍飞行中应远离遮挡物、金属建筑、雷达与通信基站，这样的地方容易干扰无人机的导航信号，很可能导致无人机坠毁。

飞行中要专注，不要与围观群众交谈。同时也要提醒路人远离飞行中的无人机，告诉大家螺旋桨的威力非常惊人。

2. 从拍摄照片开始

用无人机拍出惊艳的作品需要飞行的技巧、摄影的知识，因此高水平无人机航拍服务的服务费不菲，但好在拍摄静态照片相对比较简单。

近两年数字图片传输、一体化相机在消费级无人机中普及，其操作界面已经非常接近智能手机本身的照相功能：可以实时看到取景画面，可以调节曝光等参数，可以控制拍照与录像。虽然新手的飞行操作还很生疏，但像使用手机一样摸索出好的角度、按下快门还是很简单的。积累拍照的取景经验是为录制航拍视频做准备。

3. 限制速度和灯光

新手要在App上进行些限制设置，飞行速度要限制，操作敏感度要调低，云台俯仰要调慢。

飞行速度太快螺旋桨画面容易穿帮，转向的速度太快或是云台俯仰的速度太快画面容易模糊。在夜间拍摄时要关闭导航灯以避免光污染（图6-21）。

图6-21 夜间航拍

4. 选准方向

无人机在三维空间飞行，新手往往手忙脚乱：遥控器的操纵杆行程很短、很轻，新手操作很难把握操控尺度。

航拍其实并不需要太多特技，调整好机头指向后开始录像，然后只往一个方向推杆就可以拍出自然的航拍视频。

第一次飞行可以只往前飞，这样最简单，碰撞的风险也最低，而且效果也可以很好。感觉速度不够时，可以在视频编辑软件中加快。

熟练后可以尝试侧飞，仅向一边推杆操作简单，但需要注意避免碰撞，最好让朋友帮忙观察无人机与障碍物的距离。

5. 寻找前景

寻找合适的景物作为前景可以烘托拍摄氛围，借助前景的变化，让镜头看起来更加有动感、有节奏。拍摄这类镜头前，首先需要提前确定焦点，其次确定合适的构图。一切准备完毕，后面主要靠拍摄者拍出这个画面了。

6. 对冲镜头

如何体现速度和冲击力，对冲镜头是最好的选择。顾名思义，对冲是指飞行器和运动主体同时加速，相向飞行。拍摄穿越汽车、自行车、快艇等画面时，最大的难度在于拍摄者如何判断飞行器与拍摄主体的距离，以及气流对飞行的影响。

航拍这类画面，需要飞行器距离主体十分近，通常飞行器与被拍摄物体擦身而过时，只有几厘米的高度。

如何拍出速度感？一般的多轴飞行器最高速度为45km/小时，如果我们用多轴拍摄追车，汽车一旦加速，飞行器追不上；如果汽车减速，又拍不出来真实感。

通常的做法有两种。

（1）贴地飞行。这是为了通过地面增加前景的变化速度，提升感官的速度感。

（2）使用中、长焦镜头。DJI inspire 1可以使用45mm的镜头。在半画幅相机系统中，它的实际焦段约为90mm，能够放大局部，同时拍摄出的前景速度感更强烈。

7. 大景快小景慢

大景别的航拍需要飞行器以较快的速度飞行。大景别的航拍由于没有前景物体，画面中远处的建筑或是山川与飞行器距离又比较远，所以飞行器慢速飞行时，很难看出画面中的景象在运动中。慢速航拍大景别的镜头，效果看起来更像一张照片。只有当飞行器快速飞行时，才能在一个短暂的航拍镜头画面中让观众看到这是一个运动画面（图6-22）。

图6-22 大景别航拍

小景别的航拍与大景别相反。小景别航拍中，被拍摄物体在画面中的比重较大，过快的速度会让云台手很难让拍摄物体保持在画面中的理想位置。简单说就是，飞行器飞得太快了，云台手很难跟上要拍的对象。

通常使用的方式是，飞行器以较快的速度接近被拍摄物体；快接近被拍摄物体时飞行器减速确保云台手能够跟上被拍摄物体。虽然在整个过程中，飞行器有减速的过程，但是由于减速的过程发生在飞行器离被拍摄物体较近的位置，此时被拍摄物体在画面中比重较大，在画面中的相对运动更为明显。所以实际看起来，观众并不会察觉到飞行器实际减速了。

8. 逆光画面

逆光拍摄往往能达到不一样的视觉效果。航拍逆光画面需要把飞机藏进被拍摄物体的阴影中，这样做能让被拍摄物体在阳光的映衬下泛出轮廓光。

不过此时拍摄时间的选择，是拍摄是否成功的重要因素。如果想拍摄明、暗细节都有的画面。日出和日落的前后约30分钟，是最佳的拍摄时间（图6-23）。

图6-23 逆光航拍

9. 一镜到底

对于新手而言，学会复杂的拍摄手法或在后期加入太多的特技是不现实的。相对简单、好操作的手法是一镜到底。

新玩家用无人机航拍风景时可以从起飞时就开始录像，起飞后斜向前爬升，在适当的高度向前直线飞行。完全不需要剪辑，风景就一步步映入眼帘。

初次飞行也许飞出一镜到底的连续航线会有困难，这里有个更简单的办法：抬高镜头。在镜头垂直向下拍摄时开启录像，然后用遥控器上的滚轮抬高角度。这样可以跟拍起步速度很快的轿跑车。

10. 高飞或低飞

航拍无人机与其他摄影器材相比最大的特点是飞行高度更高。这样可以拍出更加气势磅礴的照片，也更不容易与障碍物相撞（图6-24）。

对于航拍而言，高飞并不是消费级无人机的优势所在，它远没有有人驾驶的飞机飞得高、飞得快。但无人机最大的优势是可以贴地飞行。低飞时可以拍清更多细节，但是贴地飞行撞上障碍物的概率更大，所以还是选择适当的高度为好。

11. 提高素材利用率

短视频拍摄中，航拍画面的起幅和落幅很重要。为了提升航拍素材利用率，在大景别的航拍中，航拍起幅画面要有3秒的平稳停顿时间。此时飞行器与云台均保持不动。在拍摄过程中，飞行器的行进、云台方向的移动，都需要尽可能地平稳、匀速，落幅画面和起幅画面一样，通常需要3秒钟的平稳停顿。

图6-24　高空航拍

12. 尝试各种辅助功能

为了方便普通用户使用，现在的消费级无人机开发了多种简单实用的辅助功能，新手利用这些辅助功能可以拍出更复杂的动作。

有的无人机有自动跟踪功能，使用跟踪功能后可以轻易跟拍运动目标，并且构图也比较令人满意。

大部分无人机都有自动环绕功能，利用环绕可以拍摄以自己为主角的大片。需要注意的是，使用这些辅助功能时，都有碰撞的风险，一定注意要在开阔的场地使用。

13. 进阶练习飞行技巧

要想拍出更自如、更顺畅的视频，还需要更加娴熟的操作技巧，这样才能成为优秀的航拍摄影师。可以选择在模拟器上练习，也可以选择购买比较小的遥控飞机在家中练习。这些小玩具的操作方式与无人机的类似，但是因为没有飞行控制系统操作难度更大，练好玩具飞行器后再使用无人机会更加游刃有余。

第四节　短视频创意拍摄

一、广角拍摄

广角拍摄是使用安装广角镜头的摄影机来拍摄的方式（图6-25）。广角镜头又称短镜头，是摄影辅助镜头的一种。镜头焦距明显小于像场直径（底片对角线长度），约为6~35毫米；视角大于标准镜头，约为53°~220°。焦距24毫米、28毫米的镜头为普通广角镜头。广角镜头具有焦距短、视角大的优点，可在较近距离拍摄范围宽阔的景物，前景较为突出，景深范围明显大于标准镜头、远摄镜头，画面纵深感强烈广角镜头宜用于拍摄室内近距，以及拍摄山川、建筑、人群等场面。旧式广角镜头像场边缘有照度下降的缺陷，新式广角镜头多数像场照度平均，广角镜头近距离拍摄时，前景夸张，会产生较为严重的透视畸变。

用广角镜头拍摄的画面，能在突出中央主体和前景的同时，摄入更多的背景。可以在较小

图6-25 广角镜头拍摄画面

的环境里,拍到较多的景物,而在相同的拍摄距离,得到的景象比用标准镜头拍摄的要小。

当拍摄较近的景物时,广角拍摄会产生透视变形,还会使前、后景物之间的距离感增大。由于它的景深长,很容易把近处和远处的景物都拍清晰。

二、慢动作拍摄

慢动作是指画面的播放速度比常规播放速度慢的视频画面。使用慢动作拍摄,可以使画面呈现更加丰富的细节。

大部分手机的拍摄模式中,都有慢动作模式,有些手机中也叫作"慢镜头"模式。直接切换到慢动作模式,即可拍出具有慢动作效果的画面。慢动作视频画面的播放速度较慢,视频帧数通常为120fps以上,记录的画面动作更为流畅,也叫作升格拍摄。

慢动作主要拍摄的题材有:人物动作类场景(图6-26)、动物跑动、自然界中的风吹草动、流水等。拍摄慢动作视频对光线的要求较高,尤其是拍摄8倍或32倍慢动作时,光线一定要非常强,这样才能拍摄出曝光度更加到位、画面更加流畅的效果。因为慢动作视频每秒需要播放更高的帧数,也就是每秒需要捕捉更多的画面。如果光线不够强,拍到的视频画质就会比较差,慢动作的倍数设置得越高,就越需要更强的光线才能保证画面的清晰度。拍摄慢动作时还需要保证手机的稳定,这样才能保证画面的稳定。使用稳定的手持器或借助脚架、稳定器拍摄都可以。

另外,慢动作适合拍摄运动速度比较快的景物,如果拍摄运动速度很慢或者静态的景物,拍出来的画面会特别慢或是拍成静态画面,缺少动感。

图6-26 《一代宗师》慢动作镜头拍摄画面

三、延时摄影拍摄

延时摄影拍摄是先以较低的速率拍下照片或者以较低的帧率录制视频，然后再用正常或是较快的速率来播放画面。它能将长时间内（数小时、数天，甚至更久）记录的事物缓慢变化的过程，压缩到几分钟甚至是几秒内播放，是能呈现奇异景象的一种拍摄技术。

延时摄影拍摄的画面变化感比较快，能够给人非常强烈的视觉冲击感，非常适合用拍摄一些时光流逝、景物变化、风起云涌的场景。

以前拍摄延时摄影题材的作品常需要三脚架、单反相机、云台、快门线等专业设备，拍完之后还需要导入电脑进行后期处理，而现在用手机一样可以拍出好的延时摄影作品。用手机拍延时摄影，首先要确定拍摄主题，然后再找到相应的场景。几种拍摄主题值得借鉴。

（1）车水马龙。静立的高楼大厦与川流不息的车水马龙，可以很好地表现动静结合，即使场景很普通，拍出的作品也常能让人眼前一亮。

（2）花卉拍摄。如果想要拍摄花开的过程，首先可以买一块黑布，将背景处理成黑色（其他颜色也可以）。其次是在室内密闭的情况下拍摄，不能有风，不能有外来光源，要避免飞虫飞入画面。再次布置好灯光，最后就可以拍摄了。

（3）昼夜交替。拍摄从白天到夜晚的变化时，可以选择画面天空比较好看的，作为拍摄的起点，再慢慢过渡到建筑上，就会给人一种瞬间昼夜交替的感觉。

（4）风起云涌。如果想拍出云朵快速飘动的延时摄影，可以选择16:00以后拍摄。此时的光线比较均匀，适于手机拍摄。可以选择HDR功能，拍摄效果会更佳。

（5）移动拍摄。拍摄移动的延时摄影时，需要使用手持稳定器来保持稳定。拍摄时注意画面始终要有一个中心点，围绕中心点进行旋转移动拍摄，就可以拍出3D立体效果的感觉。

四、希区柯克式变焦

希区柯克式变焦（滑动变焦）是一种拍摄手法。在拍摄过程中前进或后退的同时并反之改变焦距，其变化将会改变视觉透视关系，压缩或放大背景空间，从而营造出一种科幻、炫酷的镜头感（图6-27）。

希区柯克式变焦拍摄时要始终保证拍摄构图主体大小不变。这样背景才会出现大小变化，这是利用了镜头焦距视角透视的原理。

利用镜头变焦再配合人的反方向运动即可实现希区柯克的拍摄。然而有运动就会有抖动，有抖动就需要使用稳定器，所以说稳定器与希区柯克式变焦镜头是天生一对的拍摄伴侣。现在大多数稳定器具备拍摄希区柯克的功能，外置的跟焦手轮最大程度地方便用手机拍摄希区柯克效果。除了手动的变焦拍摄还可以利用App内置的希区柯克模式键自动设置拍摄，两种拍摄手法均可实现希区柯克效果。

图6-27 《大白鲨》希区柯克式变焦镜头拍摄画面

第五节　拍摄遵循轴线规律

一、什么是轴线规律

轴线是指被摄对象的视线方向（图6-28）、运动方向，以及不同对象之间的关系所形成的一条假想的直线或曲线。它们分别称方向轴线、运动轴线、关系轴线。在进行机位设置和拍摄时，要遵循轴线规律，即在轴线的一侧区域内设置机位。不论拍摄多少镜头，摄像机的机位和角度如何变化，镜头运动如何复杂，从画面看，被摄主体的运动方向和位置关系总是一致的（图6-29）。违反轴线规律，即在镜头转换改变视角时超越了轴线一侧，被称为跳轴，也叫越轴或离轴。跳轴会造成画面上运动方向、视线方向或人物之间位置关系的混乱。

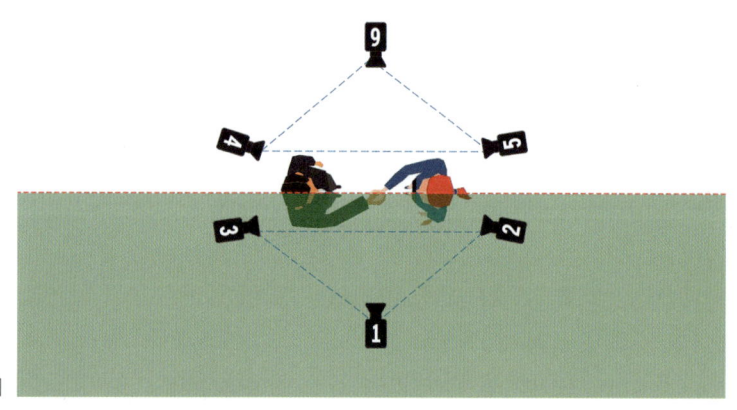

图6-28　位置轴线机位示意图

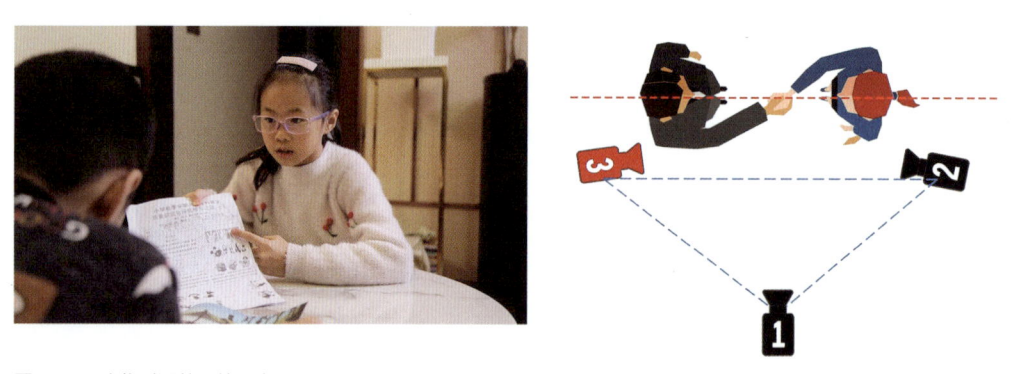

图6-29　人物对话外反拍示意图

在屏幕上表现现实中的物体运动时，物体运动方向由摄像机位置决定。从不同侧面去拍摄同一运动物体，会得到不同的运动方向。如果把在运动主体两侧拍摄的画面组接在一起，主体的运动就会忽而向左、忽而向右，造成方向上的混乱。被摄对象的运动方向、视线方向或被摄对象之间的关系会形成一条假定且无形的轴线。在镜头转换中，这条线就是制约着视角变换范围的界限（图6-30）。

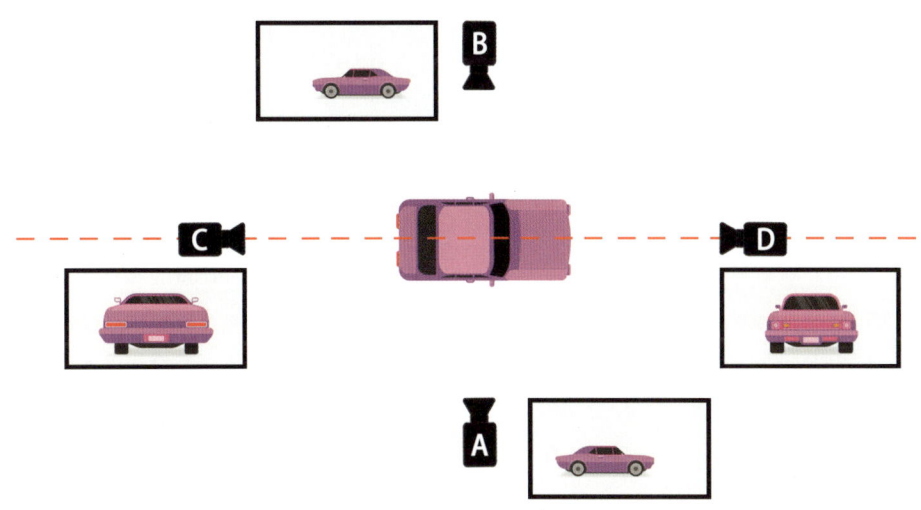

图6-30 方向轴线示意图

二、如何避免越轴

（1）对于同一主体的镜头转换，在剪接点上，主体或视点（机位）的运动或变化，其角度一般要在相同方向范围内变化。若有相异或相反方向的变化，应呈现在画面中，使前后画面以相同方向顺畅组接，从而保证主体运动方向或视线方向的统一。对于不同主体的镜头转换，根据主体间的不同关系，前后画面有时采用相异方向，有时采用相反方向或相同方向。

（2）若表现主体间的呼应关系，不同的主体在画面中通常采用相异方向，有时也用相反方向而不用相同方向。这样，组接主体之间的呼应关系才能更明确、更和谐。

（3）若表现与实际方向相对、具有明显冲突的不同主体，多采用相异方向，有时也用相反方向而不能用相同方向。若误用了相同方向，将会造成矛盾双方空间位置的混乱。

（4）若表现实际方向相同的不同主体，一般采用相异方向，有时也用相同方向，而不能采用相反方向。

在拍摄时注意以上规律，可有效避免越轴（图6-31）。一旦拍摄时不小心产生了越轴镜头，后期编辑时需想办法弥补。

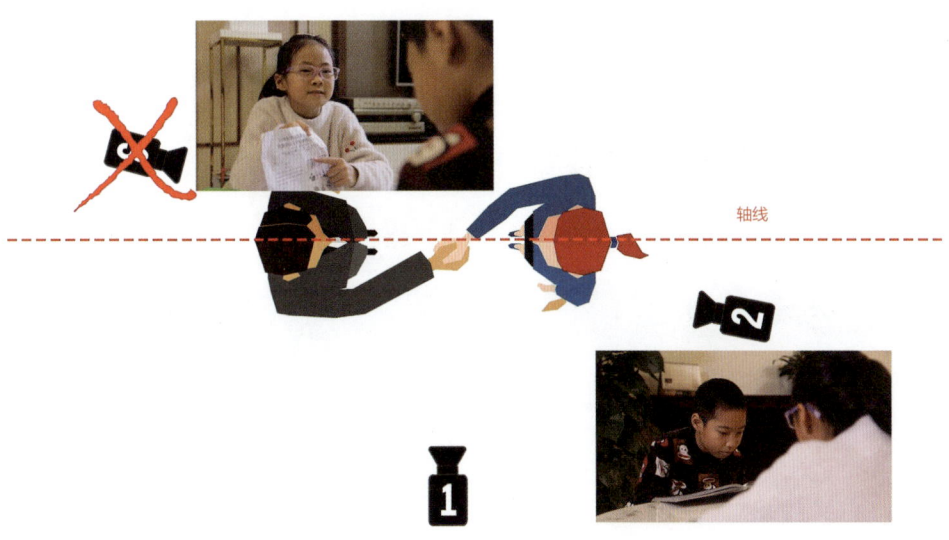

图6-31 越轴示意图

三、合理越轴的方法

越轴是影视拍摄编辑中的大忌，但有时也会例外。有的影视作品中，编辑有意使用越轴镜头，以产生一些特殊的效果。这种有意越轴（跳轴），术语上也叫合理越轴（跳轴）。

常见的合理越轴方法有以下几种。

（1）利用主体的运动越轴。在两个相反方向运动的镜头之间，插入一个主体运动路线改变的镜头。如在表现两人对话而跳轴的两个镜头中间，插入其中一人向对方走去或走到对方另一侧的画面，即可使镜头顺畅转换。

（2）用主观镜头越轴。主观镜头，即代表画面中人物视线的镜头。把主观镜头插入两个主体位置关系颠倒了的镜头中间，以画面中人物的视线引导观众去观察、感受事物，从而缓解跳轴的感觉。还可以在主体向相反方向运动的两个镜头中间，插入一个人物视线变化的镜头。如以车厢内人物转头、视线由向右变为向左的镜头作间隔，使表现车厢外景物由左向右划过的镜头，顺畅过渡到景物由右向左运动的镜头。

（3）利用运动镜头越轴。在两人对话位置颠倒或主体向相反方向运动的两个镜头中间，插入摄像机在越过轴线过程中拍摄的运动镜头，从而建立起新的轴线，使两个镜头过渡顺畅。

（4）利用中性镜头越轴。中性镜头，即"骑"在轴线上拍摄的镜头，画面中运动的主体朝镜头迎面而来或背向而去。把中性镜头插入主体向相反方向运动的两个镜头之间，可减弱相反运动的冲突感。

（5）利用特写镜头越轴。突出局部或人物情绪反映的特写，可以暂时集中人的注意力，减弱或消除运动时的冲突感。

（6）插入远景镜头。在大全景或远景中，运动物体动感减弱，形象不明显。因此在两个速度不太快且相反方向运动的镜头之间，插入大全景或远景镜头，可冲淡人的视觉注意力，从而减弱相反方向运动的冲突感。

（7）利用多轴线越轴。当被摄主体有两个以上轴线时，镜头可以越过一轴线而从另一轴线获得新的角度。

以上就是合理越轴的几种方法。注意除非是经验丰富的编辑，否则不宜轻易尝试合理越轴的画面组接（图6-32）。

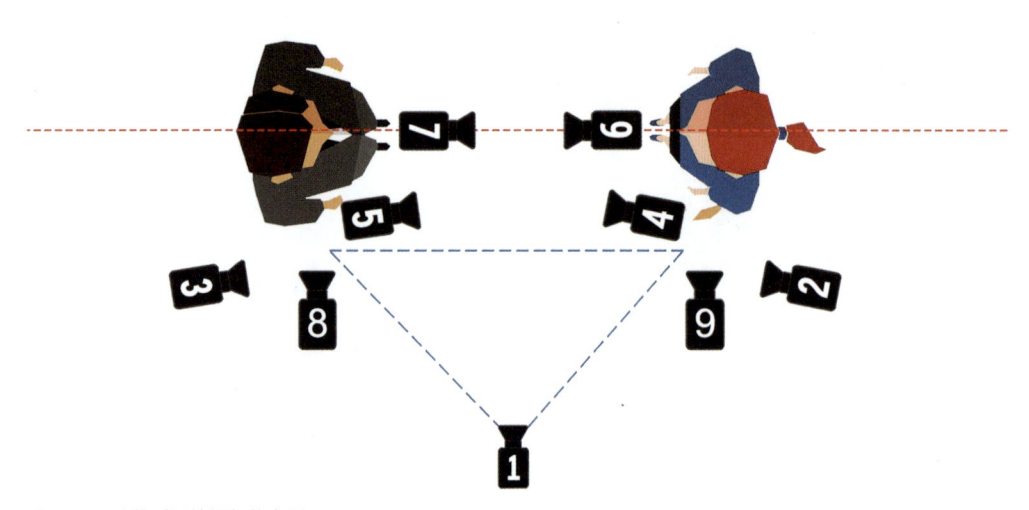

图6-32　人物对话拍摄机位布置

第六节　短视频拍摄同期录音

在拍摄短视频时，通常会考虑光线、场景、人物等画面要素，但常忽略声音。事实上，声音的好坏占观众对视频主观评价的70%，因为观众的感知很大程度上来自听觉。一个不好的声音，会比其他任何因素，更影响视频的水平。除去旁白和解说词，大多数短视频都是用现场收录的同期声。后期配音非常费时费力，所以一开始就录下好的同期声尤为关键。

一、同期录音

同期录音是指在现场视频拍摄时记录的声音，它的特点是声音具有更强的真实感，并伴随作品制作能力的提高而提高（图6-33）。

首先，开始录音前，要明确录音的对象，这样操作时才更有目标性。同期录音是将说话者在拍摄现场所说的话录下来。同期拍摄时，说话者从情绪到语气的状态都是最佳的，而且在真实环境下录的音，后期制作阶段几乎不可复制。

其次，除了人物的说话声外，还需要录制一些伴随同期拍摄出现的动效声，例如，关门声、开箱声等。在不影响对白录制下录下这些声音，可让后期工作变得更加轻松。

最后，在不影响拍摄进度情况下，要尽可能长时间、多角度地录下现场环境声。在后期剪辑时如果出现镜头变换导致的现场环境跳跃感，或者有对话间隙，可用单独录下来的环境声补上，使声音听起来更加平滑顺畅。

图6-33　现场对白同期录音

二、同期声录制技巧

（1）将麦克风尽量靠近声源。有时候我们会使用相机的内置麦克风来录音，这样确实比较方便，也减少了剪辑时声音和画面对轨的麻烦，但使用内置话筒，对说话人和相机的距离以及周围环境的安静程度要求较高。因此在拍摄时，多选择外接麦克风来取得更好的收音效果。不同的麦克风有不同的属性，应该针对不同的拍摄环境，选择合适的麦克风。

很多时候，我们选择麦克风时首先考虑的是其指向性。麦克风的指向性是麦克风对来自空间各个方向声音灵感度模式的描述，分为全指向性和单一指向性。单一指向性又分为心型、超心型、枪型和双指向型四类。

（2）去合适的地方录音。将话筒靠近嘴部，可以减少干扰，得到更优质的声音，但最理想的状态是一开始就找适合录音的地方。在选择拍摄场景时，常常最先考虑视觉效果，但听觉效果也同样重要。

　　例如在酒吧，就算把话筒直接放在说话者嘴边，还是无法盖过震耳的音乐声（拍摄时，一般会关闭音乐，先录下人物说话的声音，后期再加上背景音乐）。此外，狗叫、小孩嬉戏、车流声、工地建筑声等都会影响声音的效果。

　　创作者千万不要觉得，场景需要这些声音来显得更加真实。关门声、走路声等动效音和背景音可以单独录制，也很容易从网上找到素材添加进去。一旦录制的最初声音是混杂的，那后期则很难调整。

　　还有一种常见的想法，先录下来，后期再修改。通过声音软件，后期的确可以对声音做一定的调整，但这必定会对声音造成损耗。还有一些是后期无法处理的，比如回声。

　　当声能投射到距离声源有一段距离的大面积上时，声能的一部分被吸收，另一部分被反射回来，这部分就是回声。选择拍摄场地时，要避免选择空旷且都是平行墙的房间。房间内的地毯、沙发、床等大件家具，甚至是窗户上的百叶、橱柜等东西都能吸收声音，从而减少回声。

本章总结

　　本章讲解了短视频的拍摄技巧，内容包括拍摄的四个基本要领，固定镜头的拍摄技巧和推、拉、摇、移、跟等多种运动镜头拍摄技巧，以及不同题材内容的拍摄技巧。运动镜头的拍摄技巧较为复杂多变，初学者需勤于练习才能掌握。

课后作业

　　应用推、拉、摇、移、跟等运动镜头，拍摄10个以上镜头，剪辑成1分钟以内的完整视频。要求画面做到平、稳、准、匀，拍摄风格偏向唯美浪漫或励志温情风格。

思考拓展

　　优质的短视频拍摄制作可以让选题更引人入胜，给读者留下深刻的印象。每一个镜头都要以脚本为依据精心设计。拍摄技巧除了基本功的练习还要对辅助器材灵活应用，实际拍摄过程不能墨守成规。

课程资源链接

课件

第七章 短视频剪辑与合成

知识目标
(1) 了解短视频剪辑的基本流程。
(2) 了解短视频剪辑蒙太奇组接逻辑。
(3) 了解短视频的音频与视频剪辑的视听关系。

能力目标
(1) 具备短视频音视频剪辑的能力。
(2) 掌握短视频剪辑软件的应用能力。
(3) 掌握短视频作品整体包装能力。

剪辑是短视频创作中的重要环节，是对拍摄素材或相关元素进行有机组织、加工、合成的过程。剪辑师最重视的就是时间、节奏、视觉和听觉的关系，这也是剪辑艺术的主要内容。所以，若想处理好这些要素的关系，不仅要了解剪辑原理和规律，还要掌握剪辑基本方法和技巧，发挥个性和创意进行艺术剪辑。

第一节　短视频剪辑

一、短视频剪辑的基本流程

（1）熟悉素材。剪辑师拿到前期拍摄的素材后，一定要将素材整体看1~2遍，熟悉前期摄影师都拍了哪些内容，对每条素材都要有大概的印象，方便接下来配合剧本整理出剪辑思路（图7-1）。

（2）整理思路。在熟悉完素材后，剪辑师需要结合这些素材和剧本整理出剪辑思路，也就是整片的剪辑构架。这一工作剪辑师可能会与导演一起探讨，剪辑师提出建设性意见，帮助导演共同完成。

（3）镜头分类筛选。有了整体的剪辑思路之后，接下来剪辑师就需要将素材进行筛选分类，最好是将不同场景的系列镜头分类整理到不同文件夹中。这一工作可以在剪辑软件的项目管理中完成，分类主要为了方便后面的剪辑和素材管理。

（4）粗剪。将素材分类整理完成之后，接下来的工作就是在剪辑软件中按照分类好的戏份场景拼接剪辑。挑选合适的镜头，将每一场戏份镜头流畅地剪辑下来，然后将每一场戏按照剧本叙事方式拼接。这样整部影片的结构性剪辑就基本完成。

（5）精剪。确定了粗剪之后，剪辑师需要对影片进行精剪。精剪是对影片节奏及氛围等方面做精细调整，对影片做减法和乘法处理。减法是在不影响剧情的情况下，修剪掉拖沓冗长的段落，让影片更加紧凑；乘法是使影片的情绪氛围及主题得到进一步升华。

（6）添加配乐和音效。合适的配乐可以给影片加分，配乐是整部片子风格的重要组成部分，对影片的氛围节奏方面也有很大影响，所以好的配乐对于影片至关重要。而音效则使片子在声音

图7-1　视频剪辑工作

上更有层次。

（7）制作字幕及特效。影片剪辑完成后，需要给影片添加字幕及制作片头片尾特效。当然特效的制作有时候会和剪辑一起进行。

（8）影片调色。所有剪辑工作完成之后，需要对影片进行颜色统一校正和风格调色，一般情况下会由专业的调色师来完成。

（9）渲染输出视频成品。最后一步是将剪辑好的影片按照要求渲染输出相应格式的视频。

二、蒙太奇剪辑

蒙太奇剪辑是一种常用的剪辑技巧，通过将不同的图像和音频组合在一起，创造出一种新的意义和故事情节。蒙太奇剪辑通常采用快速切换和跳跃的方式，引导观众的注意力并营造出一种强烈的视觉和听觉冲击效果。这种剪辑技巧广泛应用于电影、广告、音乐视频等媒介中，是制作短视频的常见手段。

蒙太奇具有叙事和表意两大功能，可以划分为三种最基本的类型（图7-2）：叙事蒙太奇、表现蒙太奇和理性蒙太奇。前一种是叙事手段，后两种主要用以表意。在此基础上还可以进行第二级划分，具体如下。

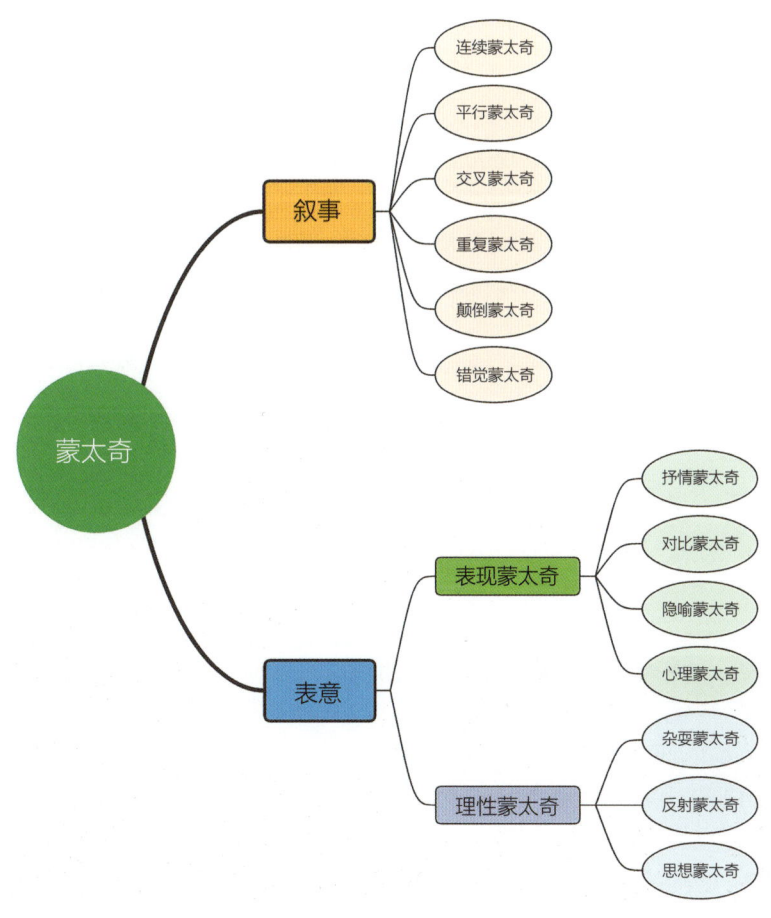

图7-2 蒙太奇类别

三、镜头组接

短视频大多数由一系列镜头按照一定的排列次序组接。镜头的组接是艺术表达的需要，也是受技术手段所限。在摄像技术手段上，我们无法一次性且完整全面地拍摄环境和事件，既使用长镜头也只能拍摄到一个机位的画面，需要更多的机位拍摄不同镜头画面，然后通过后期的镜头组接产生更真实完整的故事情节。通过镜头与镜头的组接，形成有内容、有剧情的作品，使观众能从影片中看出它们融合为一个完整的统一体，这是因为镜头的组接遵循了一定的规律（图7-3）。

图7-3 剪辑思维示意图

（1）镜头的组接必须符合观众的思维方式和影视表现规律。镜头的组接要符合生活的逻辑、思维的逻辑。它代表着人的视点转换，必须与日常生活中观察和认识事物的习惯一致，不符合日常认知逻辑观众则无法理解。做短视频要表达的主题与中心思想一定要明确，在这个基础上根据观众的心理要求，即思维逻辑，我们才能确定选用哪些镜头，怎么样将它们组合在一起。

（2）景别的变化要采用"循序渐进"的方法。一般来说，拍摄一个场面的时候，景别变化不宜过大，否则就不容易组接。同时，景别的变化不大，同时拍摄角度变换亦不大，拍出的镜头也不容易组接。采取循序渐进的方法变换不同视觉距离的镜头，才可以形成顺畅的连接，形成不同的蒙太奇句型。

前进式句型：这种叙述句型是指景物由远景、全景向近景、特写过渡，用来表现人物从低沉到高昂向上的情绪，以及剧情的发展。

后退式句型：这种叙述句型是由近到远，表现从高昂到低沉、压抑的情绪。在影片中，它可以表现从细节到扩展到全部的变化。

环行句型：这种叙述句型是把前进式和后退式的句子结合在一起使用，由全景——中景——近景——特写，再由特写——近景——中景——远景它也可反向运用，表现情绪从低沉到高昂，再从高昂转向低沉的变化。这类句型一般在影视故事片中较为常用（图7-4）。

在镜头组接的时候，如果遇到同一机位、同一景别又是同一主体的画面则不能组接。因为这样拍摄出来的镜头景物变化小，前后组接的画面看起来雷同，接在一起像同一镜头不停地重复。另一方面，这种机位、景物变化不大的两个镜头组接，如果画面中的景物稍有变化，人的视觉就会产生跳动感，如出现一个长镜头断了多次的感觉，出现跳帧的卡顿感，破坏了画面的连续

图7-4 《你好，李焕英》环形句型剪辑镜头

性。遇到这样的情况，除了从头开始重拍这些镜头外（对于镜头量少的节目片，这种方式可以解决问题），对于其他同机位、同景物的时间持续长的影视片来说，重拍的方式则显得费时费力。最好的办法是采用过渡镜头，如从不同角度拍摄再组接，穿插字幕过渡，让表演者的位置、动作在变化后再组接。这样组接后的画面就不会让人产生跳动、断续和错位的感觉。

（3）镜头组接中的轴线规律。拍摄主体物在进出画面时，需要注意拍摄的总方向，从轴线一侧拍，否则两个画面接在一起主体物就会"撞车"，造成位置关系或运动方向的混乱。跳轴的画面除了特殊的需要以外是无法组接的。在剪辑过程中要时刻注意画面上的人物或运动体是否遵循轴线规律，避免发生越轴。

（4）镜头组接要遵循动静连接的规律。如果画面中同一主体或不同主体的动作是连贯的，可以动作接动作，达到顺畅、快捷过渡的目的，这简称为"动接动"。如果两个画面中的主体运动是不连贯的，或者它们中间有停顿时，那么这两个镜头的组接，必须在前一个画面主体做完一个完整动作停下来后，接上一个从静止到开始的运动镜头，这就是"静接静"。"静接静"组接时，前一个镜头结尾停止的片刻叫"落幅"，后一镜头运动前静止的片刻叫作"起幅"，起幅与落幅时间间隔大约为一二秒钟。运动镜头和固定镜头组接，同样需要遵循这个规律。如果一个固定镜头要接一个摇镜头，则摇镜头开始时要有起幅；相反，一个摇镜头接一个固定镜头，那么摇镜头要有"落幅"，否则画面就会给人一种跳动的视觉感。有时为了特殊效果，也有静接动或动接静的镜头。

（5）镜头组接的时间长度。拍摄镜头的时候，每个镜头的停滞时间长短，首先由表达内容的难易程度、观众的接受能力来决定，其次要考虑画面构图等因素，如画面选择景物不同，包含的内容也不同。对于远景、全景等景别大的画面,包含的内容较多,观众看清画面内容需要的时间相对更长,而对于近景、特写等景别小的画面,包含的内容较少,观众看清画面需要的时间则短。另外,一幅或者一组画面中的其他因素,对画面长短也有制约作用。如同一个画面,亮度大的部分比亮度暗的部分能引起人们的注意。因此,如果要表现该幅画面的亮部分时,画面长度应该短些,如果要表现暗部分时,则长度应更长。在同一幅画面中,动的部分比静的部分先引起人们的视觉注意。因此,如果重点要表现动的部分时,画面持续长度要相对短;而表现静的部分时,画面持续长度应更长。

(6)镜头组接中影调色彩的统一。影调是针对黑白画面而言。黑白画面上的景物,不论原来是什么颜色,都是由许多深浅不同的黑白层次组成影调来表现的。对于彩色画面来说,除了影调问题,还有色彩问题。无论是黑白画面组接还是彩色画面组接,都应该保持影调色彩的一致性。如果把明暗或者色彩对比强烈的两个镜头组接在一起(除了特殊的需要外),会使人产生生硬和不连贯感,影响内容表达的通畅(图7-5)。

(7)镜头组接节奏。短视频的题材、样式、风格以及情节的环境气氛、人物的情绪、情节的起伏跌宕等是镜头节奏的总依据。短视频节奏除了通过演员的表演、镜头的转换和运动、音乐的配合、场景的时间空间变化等因素体现之外,还需要运用组接手段,严格掌握镜头的尺寸和数量,整理调整镜头顺序,删除多余的枝节。

处理短视频的任何一个情节或一组画面,都要从作品表达的内容出发。如果在宁静祥和的环境里使用快节奏的镜头转换,就会使人觉得突兀跳跃。而在一些节奏强烈、激荡人心的场面中,应考虑种种冲击因素,使镜头的变化速度与观众的心理需要一致,以增强观众的激动情绪,从而达到吸引观众和使其模仿的目的。

(8)镜头的组接方法。镜头画面的组接除了采用光学原理之外,还可以通过衔接规律,使镜头之间直接切换,使情节更加自然顺畅。以下介绍几种有效的组接方法。

连接组接:相连的两个或者两个以上的一系列镜头表现同一主体的动作。

队列组接:相连镜头但不是同一主体的组接。由于主体的变化,下一个镜头主体的出现,观众会联想到上下画面的关系,起到呼应、对比、隐喻烘托的作用。这往往能够创造性地揭示出一种新的含义(图7-6)。

黑白格的组接:为造成一种特殊的视觉效果,如闪电、爆炸、照相馆中的闪光灯效果等的组接方式。组接的时候,我们可以将所需要的闪亮部分用白色画格代替,在表现各种车辆相接的瞬间组接若干黑色画格,或者在合适的时候采用黑白相间画格交叉,这有助于加强影片的节奏、

图7-5 镜头组接影调统一

图7-6 《功夫》队列组接镜头

渲染气氛、增强悬念。

两级镜头组接：由特写镜头直接跳切到全景镜头，或者从全景镜头直接切换到特写镜头的组接方式。这种方式能使情节的发展在动中转静或者在静中变动，给观众的体验感极强，节奏上形成突如其来的变化，带给观众特殊的视觉效果和心理感受。

闪回镜头组接：用闪回镜头，如插入人物回想往事的镜头组接方式。这种组接方式可以用来揭示人物的内心变化。

同镜头分析：将同一个镜头分别使用在几个地方。运用该种组接技巧的时候，往往是因为所需要的画面素材不够，或者是有意重复某一镜头，用来表现某一人物的情绪和记忆；或者是为了强调某一画面所特有的象征性的含义以引发观众的思考；或者为了形成首尾呼应，达到艺术结构上给人以完整而严谨的感觉。

拼接：有些时候，我们虽然多次拍摄，拍摄的时间也相当长，但拍摄镜头的时长却很短，达不到视频所需要的长度和节奏。在这种情况下，如果有同样或相似内容的镜头，就可以把其中可用的部分组接，以达到视频画面需要的长度。

插入镜头组接：在一个镜头中间切换，插入另一个表现不同主体的镜头。如一个人正在马路上走着或者坐在汽车里向外看，突然插入一个代表人物主观视线的镜头（主观镜头），以表现人物的意外所见、直观感想与联想。

动作组接：借助人物、动物、交通工具等动作和动势的可衔接性，以及动作的连贯性相似性，作为镜头的转换手段。

特写镜头组接：上个镜头以某一人物的某一局部（头或眼睛）或某个物件的特写画面结束，然后从这一特写画面开始，逐渐扩大视野，以展示另一情节的环境。其目的是在观众注意力集中于某人的表情或者某一事物的时候，在不知不觉中转换场景与叙述内容，而不使人产生突然跳动的不适感。

景物镜头的组接：两个镜头之间借助景物镜头作为过渡，其中有以景为主，物为陪衬的镜头，可以展示不同的地理环境和景物风貌，表示时间和季节的变换，又是以景抒情的表现手法。此外，这种镜头以物为主，以景为陪衬，是镜头转换的手段。

镜头的组接技法多样，按照创作者的意图，根据情节的内容和需要而定，没有具体的规定和限制。在后期编辑中，创作者可以根据情况发挥，但又要脱离实际情况和需要。

第二节　转场效果的应用

一、转场的概念和类型

转场连接段落，使每个段落都具有单一且相对完整的内容。它是短视频中完整叙事层次的连接，就像戏剧中的幕，小说中的章节，一个个段落连接形成完整的短视频内容。简单来说，剪辑包含转场。转场属于剪辑手法中的一种，指场景转换或时空转换。转场的作用是分隔内容，分隔出两个场景的情节内容，避免观众混淆剧情，并用流畅连贯的方式将内容过渡。

影视转场主要分为技巧转场和无技巧转场。所谓技巧转场就是利用简单的动画效果来完成场景过渡，传统的动画效果主要有淡入淡出、叠化、闪、划、移、圈、翻转等。无技巧转场是通过单纯的剪接来实现场景转换，能够实现更为自然、精致的视觉转换。特写镜头、空镜头及各种形式的匹配镜头，都可以实现无技巧转场。每部短视频都需做转场处理，随着剧情的发展场景会有变化，就会出现场景转换，它是剪辑师经常面对的一个问题。

二、技巧性转场

（1）淡出淡入。淡出指上一段落最后一个镜头的画面逐渐隐去直至黑场，淡入指下一段落第一个镜头的画面逐渐显现直至正常的亮度。实际编辑时，应根据影片的情节、情绪、节奏的要求来设定。有些影片中淡出与淡入之间还有一段黑场，给人一种间歇感（图7-7）。

（2）缓淡（减慢）。缓淡强调抒情、思索、回忆等情绪，可以放慢渐隐速度或添加黑场。

（3）闪白（加快）。闪白掩盖镜头剪辑点的作用，增加视觉跳动。

（4）划入、划出（二维）。前一画面从某一方向退出屏幕称为划出，下一个画面从某一方向进入屏幕称为划入。根据画面进、出屏幕的不同方向，可分为横划、竖划、对角线划等。划像多在两个段落内容或意义差别较大需转换时使用。

（5）翻转（三维）。画面以屏幕中线为轴转动，前一个镜头为正面画面消失，而背面画面转到正面开始下一个镜头。翻转用于对比性或对照性较强的两个段落（图7-8）。

（6）定格。定格指将画面运动主体突然变为静止状态，作用为强调某一主体的形象、细节。它可以制造悬念、表达主观感受，也可以强调视觉冲击力，多用于片尾或较大段落的结尾。

（7）叠化。叠化指前一个镜头的画面与后一个镜头的画面相叠加，前一个镜头的画面逐渐隐去，后一个镜头的画面逐渐显现的过程（图7-9）。在视频编辑中，叠化主要有三种功能：一是用于时间的转换，表示时间的消逝；二是用于空间的转换，表示空间已发生变化；三是用叠化表现梦境、想象、回忆等插叙、回叙场合。前一个镜头逐渐模糊到消失，后一个镜头逐渐清晰，直到完全显现。两个镜头在划入、划出的过程中有几秒的重叠。有柔和舒缓的表现效果。镜头质

图7-7 淡出淡入转场

图7-8 翻转（三维）转场

图7-9 叠化转场

量不佳时，可借助缓叠来弥补镜头的缺陷。

（8）多画屏分割。多画屏分割可产生空间并列的艺术效果，通过多画屏分割的有机运用来处理，深化内涵。

（9）运用空镜头。运用空镜头转场的方式在影视作品中经常出现，特别在早先的电影中。当某一位英雄人物壮烈牺牲之后，经常接转苍松翠柏、高山大海等空镜头，主要是为了让观众的情绪达到高潮后，能够回味作品的情节和意境。

三、无技巧转场

无技巧转场是用镜头自然过渡来连接上下两个镜头的内容，主要适用于蒙太奇镜头段落之间的转换和镜头之间的转换。与情节段落转换时强调的心理的隔断感不同，无技巧转换强调视觉的连续性。并不是任意两个镜头都可使用无技巧转场的方法，运用无技巧转场方法时需要寻找合理的转换因素和适当的造型因素。无技巧转场的方法主要有以下几种。

（1）两极镜头转场。前一个镜头的景别与后一个镜头的景别恰恰是两个极端。前一个是特写镜头，后一个是全景或远景镜头；前一个是全景远景镜头，后一个是特写镜头。两极镜头转场强调视觉效果的对比。

（2）同景别转场。前一个场景结尾的镜头与后一个场景开头的镜头景别相同。这种方式使观众注意力集中，场面过渡衔接紧凑（图7-10）。

（3）特写转场。无论前一组镜头的最后一个镜头是什么，后一组镜头都是从特写开始的。其特点是对局部进行突出强调和放大，展现生活中肉眼看不到的景别。因此，特写转场称为"万能镜头""视觉的重音"。

（4）声音转场。用音乐、音响、解说词、对白等，与画面配合实现转场。

（5）空镜头转场。空镜头指以刻画人物情绪、心态为目的，只有景物没有人物的镜头。空镜头转场具有明显的间隔效果，作用是渲染气氛，刻画人物心理，有明显的间离感。另外，为了叙事的需要，常用于表现时间、地点、季节变化等。

（6）封挡镜头转场。封挡是指画面上的运动主体在运动过程中挡住镜头，使观众无法从镜头中辨别出被摄物体的形状和质地等物理状态（图7-11）。

图7-10 同景别转场

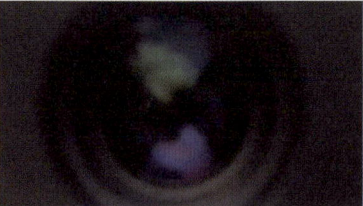

图7-11　封挡镜头转场

（7）相似体转场。①非同一个物体但属同一类；②非同一类但有造型上的相似性。

如飞机和海豚、汽车和甲壳虫。影片《007》片头、《放牛班的春天》《疯狂的石头》等都有相似性转场。

（8）地点转场。满足场景的转换，适合新闻类节目。根据叙事的需要，不顾及前后两个画面是否具有连贯因素而直接切换（使用硬切）。

（9）运动镜头转场。摄影机不动，主体运动；摄像机运动，主体不动；或者两者均为运动。这种转场方式真实、流畅，可以连续展示空间场景。

（10）同一主体转场。前后两个场景用同一物体来衔接，上下镜头有承接作用。

（11）出画入画。前一个场景的最后一个镜头走出画面，后一个场景的第一个镜头主体走入画面。

（12）主观镜头转场。前一个镜头是人物去看，后一个镜头是人或物所看到的场景。此转场具有一定的强制性和主观性，需慎用。

（13）逻辑因素转场。前后镜头具有因果、呼应、并列、递进、转折等逻辑关系。这样的转场合理自然、有理有据，在电视片、广告片中运用较多。

第三节　剪映剪辑操作

一、剪映编辑主界面功能简介

剪映有PC端和手机端两种。刚开始接触视频剪辑，建议使用手机端剪映App，熟悉功能以后建议使用剪映PC端。

在手机上打开下载好的剪映App进入主页面（图7-12），点击"开始创作"，出现如图7-13中"照片视频、剪映云和素材库"三个板块。

通常来讲，我们会先准备好需要剪辑的视频存储到"照片视频"内，也就是手机的"图库"，选择自己想要编辑的视频，点选"高清"，再点击"添加"（图7-14）。

进入编辑界面（图7-15），按照从上往下的学习顺序，详细讲解编辑界面各个工具的用途。界面上方有四个图标，左上角"×"是关闭图标，点击之后会关闭当前剪辑项目返回主页面，并且自动保存剪辑项目到"本地草稿"，点击左上角"学士帽"图标后会进入"剪映教程"页面。该页面主要有剪映功能、热门玩法和常见问题三个板块，剪辑过程中遇到的常见问题，都可以在这里搜索学习。右上角"1080P"图标有下拉框，这是视频输出分辨率、帧率和码率的选项设置。剪映默认的参数设置是最为常用的设置，可以根据剪辑需要修改。如果需要制作动态图片，可以选择输出GIF。右侧红色"导出"图标是剪辑完成后输出视频或GIF的按钮。

下方是视频剪辑的实时监看预览效果窗口，可对视频、图片、文本、贴纸、蒙版等进行缩

图7-12 剪映手机版首页界面

图7-13 剪映开始创作素材导入

图7-14 剪映选择导入素材

图7-15 剪映素材剪辑操作界面

第七章 短视频剪辑与合成

放、移动、旋转、复制、删除等操作。预览窗口下方的功能区中，最左边的时间记录视频播放时间和视频总时长。中间箭头朝右的三角形"▷"，是播放/暂停键。再往右，是关键帧设置键，该图标只会在剪辑素材被选中的情况下才会出现。功能区右侧有两个躺倒的U形图标（上有朝左和朝右的箭头），分别是撤销和恢复功能，在视频剪辑过程中经常会使用。最右侧是全屏显示图标。

再往下，有一排时间轴，初始状态按"每秒"计算，后期制作可能会涉及"去帧、补帧"，可以将1秒"放大"处理，将1秒的视频以帧为单位（f）出现。

图7-16的视频是每秒30帧，也就是由30张静止的画面构成。再往下，可以看见视频制作效果的区域。这个区域可以观察视频制作的效果，最左侧是"关闭原声"功能区，是为了关闭主轨道上原视频的声音；往右是"设置封面"区域，这个功能是为视频设置封面，好的封面可以吸引更多观众，以及平台的推广。再往右是视频画面的呈现区，可以将每秒视频细化到每帧图片。视频最右侧的"+"图标，点击后可以将"照片视频或素材库"中的素材添加至主轨道上。

图7-16　素材长度单位显示

最下方是视频剪辑的核心工具区域。这个区域功能很多，从左至右，依次来看为以下内容。

剪辑。最左侧剪刀状的剪辑功能，点击可以看到很多细分选项。剪辑视频最常用的功能是"分割"和"删除"。

音频。用于给视频配乐、配音和加音效等。

文本。点击"文本"，进入文字功能细分区（图7-17）。

图7-17　文本编辑工具

区域内有7个具体的功能，常用的功能有"新建文本"（图7-18）、"添加贴纸"和"识别字幕"。点击"新建文本"，会出现编辑框，可以输入文字，并对字体、颜色、样式、行距等进行调节。轨道上同时会自动生成文字编辑轨道，可以通过拉长，让整个视频都可以编辑。利用"识别字幕"功能，可以快速完成音频中台词字幕的添加。

贴纸。给视频添加贴纸可以为视频增添趣味和个性。剪映提供了多种贴纸可选择（图7-19），包括表情、文字、形状等。我们可以浏览贴纸库，选择喜欢的贴纸，将选定的贴纸直接拖放到视频时间轴上的相应位置即可，还可以调整贴纸的大小和位置，以便更好地适应视频场景。添加贴纸后，可以设置贴纸的自动跟踪功能。如果希望贴纸随着字符移动，可以单击贴纸，然后单击跟踪，并选择跟踪点，以实现自动跟踪。如果不想在制作视频时露出人的脸，也可以使

图7-18 新建文本　　　图7-19 添加贴纸

用自动跟踪来遮挡它。

画中画（图7-20）。是一种视频内容的呈现方式，指在一部视频（或者是照片）全屏播出的同时，于画面的小面积区域上同时播出另一部视频（或照片）。手机剪映画中画设置步骤。

（1）打开剪映，开始创作；

（2）选择要添加的视频或照片（不少于两个素材）；

（3）选中需要设置画中画的视频，在下方工具栏点选"切画中画"；

（4）使用触摸屏操作时，单指按住画中画素材，拖至与主轨道素材并列；

（5）双指放在选中的画中画视频上，两指缩放调节视频（或照片）的大小与位置；完成画中画设置。

点击"新增画中画"可以不断地添加画中画素材（图7-21）；选中画中画素材，然后在下方工具栏点选"切主轨"则可以回到主轨道。

特效。点选"特效"，滑动标签可以看到很多不同类型的剪辑特效。选择需要的特效，应用至想要的视频中。

素材包。剪映里不仅有素材库，还可以一键添加素材包，这样更方便高效。素材包简单来说，是由各种元素组成的模板，下载之后可以使用其中的元素。

滤镜和调节。如果拍摄的视频曝光过度或者不足，可以应用滤镜和调节功能来调整优化视频画面。

比例。不同平台对于视频的比例要求不一样，要想在平台发布视频，并且获得收益，必须符合平台的要求。以今日头条为例，需要横版视频，在视频比例上呈现的是"16∶9"。找到"比

图7-20 画中画效果　　　　　图7-21 添加画中画

例"功能区，点击比例，选择"16∶9"，可以进行"缩放"，选择自己喜欢的视频区域。

背景。有时候视频不是全屏，其他部分默认黑色背景，则可以对背景进行更改。如果素材是多个片段，可以选择全局应用，替换背景。在下方菜单栏中，往左滑动，找到"背景"功能，点击进入后，选择"画布样式"，即可自定义背景。

二、剪辑素材常用功能

分割。分割是将素材分段切开，将有用的保留，没用的删除。左右轻滑素材选择要分割的位置，该位置要对齐素材中心的白色竖线（位置指示针），然后点击"分割"（图7-22），即可将素材一分为二，要删除的那部分素材，先选中素材（白边高亮显示部分），然后找到"删除"功能键，点击"删除"，删除选中的素材，未被删除的另一段视频被保留。如果不小心删错，可以用"撤回"功能恢复。

变速。选择一段镜头，然后点击变速，会出现"常规变速"和"曲线变速"选项。"常规变速"是线性的，没有过渡，直接从一个速度跳到另一个速度。"曲线变速"有过渡，可以做出很多创意效果。点击"曲线变速"，可以看到几个内置的曲线效果，点击编辑，可以进一步编辑曲线。通过单击自定义，可以通过简单地在曲线上拖动来自定义变速效果。还可以添加点，删除点，设置更为丰富的变速效果。

音量。用来调节视频和音频素材的音量，区别于关闭源声，音量调节只用于选中的片段。

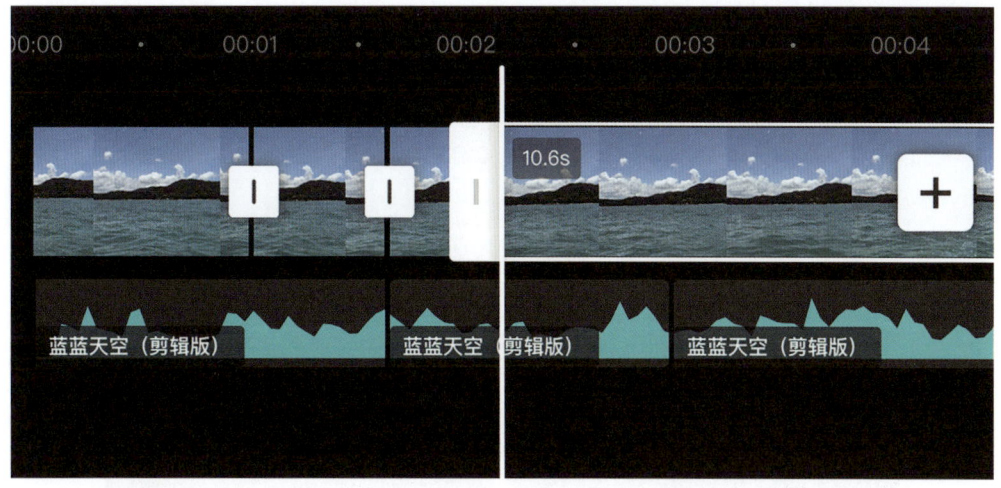

图7-22 分割素材

而时间线上的"关闭原声"是对整个主轨道上的声音做静音处理。

混合模式。指的是将两个或多个轨道画面进行混合，以产生不同效果的一种功能。混合模式可以改变图像的亮度、对比度、颜色、透明度的特性，从而创作出不同的视觉效果；有变暗、滤色、叠加、正片叠底、颜色加深、颜色减淡等混合模式，可以做一些双重曝光或者多重曝光的效果，有时也可以用来实现抠像的效果。

动画。用来给视频轨道某个素材添加入场动画、出场动画或组合动画效果，例如，向右甩出，向下甩入等。动画的时长可以调节。

删除。选中某个素材后方能删除。

镜头追踪。可以对视频中人物的头、身体和手进行追踪，比如选择头为追踪对象，则头部会始终固定在屏幕某一位置，其他则根据动作而围绕头的位置发生运动变化。

抠像。剪映抠像功能提供了三种抠像的方式：智能抠像（图7-23）、自定义抠像（图7-24）和色度抠图。智能抠像功能是将视频中的人或者物体以外的背景一键清除，这是简单便捷的抠像方式，但不够精细。自定义抠像可以通过手动涂抹来抠像，这样更精准。点击快速画笔，设置画笔大小，在需要抠像的物体上画出一两笔，就可以快速完成整个物体的智能抠像。如果对快速画笔的智能抠像不满意，可以点击画笔和擦除，自由涂抹在物体上，进行抠像。色度抠图是将画面中不想要的颜色抠除，常见的使用场景是抠除绿幕，也可以抠除指定的颜色。要实现抠图操作，需要在调整画面中拖动色度选择器，选择要抠取的颜色区域，并调整相应的参数，以达到最佳效果。当完成抠图后，还可以对抠图后的画面进行一些基本的调整，如调整亮度、对比度等。最后，点击右下角的对号按钮，即可完成色度抠图操作。

抖音玩法。主要针对图片素材的风格做特效处理。

音频分离。将视频素材中的音频分离出来，单独生成音频轨道。

编辑。对素材进行镜像、旋转和裁剪的编辑处理。

滤镜。内置预设的风格化调色处理。

调节。调色模块，内含多种调节选项。

美颜美体。它可以轻松地对视频中的人物进行美颜美体处理，让人像看起来更加自然、清新、美丽。美白功能可以让人物的皮肤看起来更加白皙、透明，让整个视频更加明亮。磨皮功能可以去除人物脸部的瑕疵，让肌肤看起来更加光滑细腻。美颜还可以对人物的五官进行塑形，并

图7-23 智能抠像　　　　　　　　　图7-24 自定义抠像

脸部化妆，美体则可以对人物全身比例及身体各部位自由调整。

蒙版。它是一种可以在视频或者图片上创建遮罩层的工具（图7-25），用于隔离或者隐藏某些区域。在剪映中可以使用蒙版来控制视频或者图片的可见性，如果你想创造特殊效果，如在同一个房间里有不止一个人，或者想让视频帧具有不同的形状，就可以使用遮罩。蒙版结合关键帧功能使用，可以通过调整位置、大小、旋转、形状、颜色、透明度等的属性来创建丰富的动画效果。蒙版的类型有：线性、镜面、圆形（图7-26）、矩形、爱心、星形。

切画中画。将主轨道的素材切换到新的素材轨道上，也可以将附轨道的素材切回主轨道。

替换。可对剪辑轨道上选中的素材进行替换。

防抖。如果拍摄的素材摇晃不稳，可以选择使用防抖处理。

不透明度。"不透明度"的数值可以从0调整到100。"0"是表示素材透明不可见。"100"是表示素材是完全不透明的，不能透过它看到遮挡的视频，只能看到本视频。

变声。变声功能针对人声的音色进行个性化改变，有大叔、女生、怪物、机器人、电音和扩音器等20多种声音可选。

降噪。在录制视频过程中，常常会遇到噪声问题，如背景噪声、风吹噪声等。这些噪声会影响视频的质量，甚至破坏观看体验。因此，降噪功能是视频编辑软件中不可或缺的一部分。选中要降噪的素材，然后在编辑界面上找到降噪功能按钮，点击该按钮以应用降噪效果；剪映将会自动检测并降低视频中的噪声，创作者还可以根据需要调整降噪强度，以达到最佳的效果。

复制。复制视频片段。如做好的字幕效果，如不想修改字幕格式或重复之前的步骤，可以

图7-25 镜面蒙版　　　　　图7-26 圆形蒙版羽化效果

使用复制功能。

倒放。选中视频素材，按住界面底部的工具栏向左拖动，拖动工具栏至右端后点击"倒放"，这时，剪映便开始将视频的播放顺序设置为倒放。这一过程需要等待几秒钟到几分钟。设置完毕后点击"播放"按钮，剪映便开始播放倒放的视频。

定格。用于强调图像或者模拟静止画面的效果。例如，表现一直在飞的蝴蝶突然停下，再添加相机抓拍时的声音，这就模拟了拍照的效果。定格画面缺省值是3秒，可以拖动工具栏来改变持续时间。

三、其他实用功能

图文成片。选择将文章或文本转换为剪辑中的电影时，可以选择自动转换为视频，也可以添加文章链接或直接使用文本创建，链接到当前创建的文章。转换后再做精细调整（图7-27）。

创作脚本。如果初学者对视频创作不熟悉，可以使用脚本来创作。脚本中有拍摄说明和拍摄内容，创作者只要按照步骤一步步拍摄就可以。对于想要拍视频却不知道怎么运镜、写脚本的人来说，直观使用脚本比较好操作（图7-28）。

录屏。在剪辑中，可以自定义屏幕。根据需要设置分辨率、帧率、比特率等。

提词器。提词器可以辅助创作者讲解大段台词，提高直播效率。这一功能既可以用来直接拍摄，也可以单纯作为提词器来使用。

图7-27 剪映首页上端展开更多功能　　图7-28 剪映创作脚本功能界面

　　使用模板制作封面。设置封面时，可以选择许多封面模板中的一个，更改文本后来使用。
　　音乐踩点。如果要制作卡点视频，在添加音乐之后，可以在音乐中添加标记。
　　关键帧。指在视频或者动画中具有重要意义的帧，通常是场景发生重要变化或动作发生转折时的帧。在剪映中设置的第一个关键帧，软件记下了调节参数的数值；接下来的一个关键帧，软件记下了另外改变的数值；中间的数值变化，软件会按照先前预设的参数来自动演算，省去手动调节环节。视频、音频、文本、贴纸等素材，都可以添加关键帧。关键帧可以做出多种运动变化效果，如移动、放大、缩小、旋转、不透明度、颜色变化等。
　　文本朗读。添加字幕后，如果创作者想让观众阅读字幕，可以编辑文字，调整到合适状态，还可以为字幕添加声音。

第四节　声音编辑

　　声音编辑是短视频创作不可或缺的一环。合适的音效和音乐不仅能够为短视频增色（图7-29），还能够让观众更好地理解视频内容，提高观众的观看体验感。有时候，声音比画面更重要，因为它能够传达更多的情感和信息。

图7-29 声音编辑工作台

一、短视频声音制作的流程

（1）音效采集。在短视频声音制作的过程中，音效采集是必不可少的一步。音效可以通过录制、下载、采集等方式获取。在采集音效时，需要注意一些细节，如录音设备的选择、录音环境的选择等。

（2）音效编辑。音效编辑是对采集的音效进行剪辑、调整音量、混音等处理，以达到更佳的效果。音效编辑需要使用专业的音效编辑软件，如Adobe Audition（图7-30）、Audacity等。

（3）音乐制作。音乐是短视频必备元素之一，能够为视频增色添彩。音乐制作需要创作者具备一定的音乐知识和技能，能够制作符合视频情感和氛围的音乐。音乐制作需要使用专业的音乐制作软件，如Ableton Live、Logic Pro等。

（4）音效融合。音效融合是将编辑好的音效和音乐融合在一起，使其与视频画面协调，达到更佳的视听效果。音效融合需要注意音效和画面的同步性、音量的控制等。

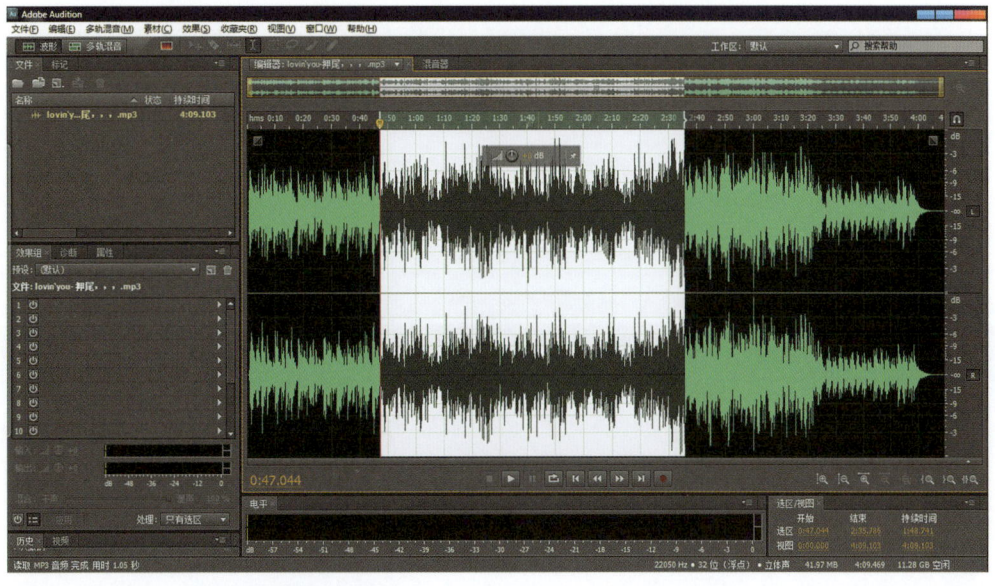

图7-30 Adobe Audition声音编辑软件界面

（5）音频输出。音频输出是将制作好的音频导出至短视频制作软件，与视频画面进行合成。音频输出需要选择合适的格式和参数，以达到最佳的音质效果。

二、短视频声音制作的注意事项

（1）合理运用音效和音乐。音效和音乐需要与视频内容相符合，不能过多或过少。过多的音效和音乐会分散观众的注意力，过少的音效和音乐会让视频显得单调乏味。

（2）注意音效和画面的同步性。音效和画面的同步性是短视频声音制作的重要一环。音效需要与画面的动作、情感相符合。

（3）注意音量的控制。音效和音乐的音量需要适当控制，不能过大或过小。过大的音量会影响观众的听觉体验，过小的音量会让观众听不清楚。

三、短视频声音设计

在短视频里，声音如何能显得更加好听，创作者如何设计和制作视频音效和背景音乐，去哪里找到音效素材？

（1）二倍速。很多短视频创作者会有疑问，录制时语速很慢，录制出来的视频，让人看着节奏慢，引不起人的兴趣。解决的办法是通过剪映的"变速"功能，选择二倍速播放或是二倍速导出，如果是用Final cut或者是Premiere软件，加速后可以使用变调处理，这样声音不会失去本音。

（2）声音衔接（又称为：J-Cut & L-Cut）。一些短视频里，经常会使用一种声音（对话、解说、音乐、音效等声音元素）处理技巧。它是将众多的镜头组装成一部完整影片的技术，是通过声音把前后镜头融合在一起的技术，也是剪辑师常用技巧之一。所谓J-Cut，就是声音先出现，视频后出现，声音轨道和视频轨道组合在一起形成"J"的形状。操作方法是把声音素材往前拉伸，然后使用一个淡入的效果。采用J-Cut的效果，可以让视频素材与视频素材之间在硬切转场的时候更加顺畅。声音的效果先出来，也是给观众一个心理和视觉上转变的过渡，增加观众的好奇心，去期待下一个场景的画面。

所谓L-Cut，并不代表视频先入，而是声音还没有结束的时候，视频画面切到了别的地方，于是第一个视频片段和声音形成"L"的形状。

在一个短视频作品中，实际上J-Cut和L-Cut是经常连续使用的。剪辑最主要的工作之一就是"省略时间和延展时间"，当观众察觉不到剪切点的时候，影片的情绪才是连贯的，"J-Cut和L-Cut"也可以悄无声息地加快叙事节奏。

（3）上升音效。上升音效可以起到烘托情绪的作用，一般把它放在需要烘托情绪的地方，或是视频开场部分。上升音效之后的音乐和音效，通常会有很大的反差对比，使整个视频瞬间变得很安静，这种巨大的反差可以给人震撼感。上升音效可以在剪映的音效库里找，也可以在网上搜索，或者去一些音效平台，比如Eodemic Sound、Artlist，以及去音乐素材库寻找。

（4）转场音效。转场音效是短视频中一种重要的音效设计。转场音效通常放在两段视频的中间，用作转场使用，可让视频视听效果更精彩，达到提升视频整体质感的作用。短视频作品如果通篇都使用同一种转场音效，会给人以单调的感觉，需要灵活变通，并且要有创新意识。例如，海边场景的转场，可以用海浪作为转场音效；树林场景的转场，可以用树叶的声音作为转场音效；又或者在城市里，可以采用汽车开过的声音作为转场音效。转场音效可以让视频听上去更加立体和生动。

（5）后期调音。选择正确的麦克风录音，声音处理已经可以很不错，如果希望声音听上去更加专业，则要用专业的调音软件处理。在Adobe Audition里导入音频进行处理。第一步，去除噪声。其实用领夹式麦克风，背景噪声已经很少了，有时给视频做配音和旁白，会录到一些电脑机箱的声音，可以通过后期处理把背景的噪声去除，让声音更加纯粹。选中没有讲话声的空白部分，作为捕捉噪声样本，然后选择降噪处理，降噪数值通常选择60，也可以根据实际情况做适当改变。第二步，打开EQ均衡器。选择响度最大化，图标上有两个圆点，拖动左边圆点往上拉，增加低频声音，使声音更加浑厚，拖动右边圆点往下拉，是增加高频声音，使声音更加清晰。如调整男声声音，可适当调整低频，使音色更加浑厚；如调整女声声音，如果声音太尖锐，可调整高频声音，使音色更加柔和。可以来回拖动去听声音，调整到满意为止。第三步，也是最后一步，调整音频，使整个视频前后音频声音保持一致，并防止出现爆音等问题。这样处理后，整个视频的声音更加趋于平稳。

声音设计是短视频编辑过程中一个强大的工具。它可以把沉闷、无生气的时刻变成可怕或令人兴奋的时刻，也可以提升情绪，为视频带来活力。

第五节　后期调色

短视频工作者有时候是单兵作战。有时候器材不齐全，曝光度所限，画面颜色无法尽善尽美，这就需要后期调色来弥补。短视频调色重要的是，修复前期拍摄中曝光不合适或色彩不合适的情况，通过调色让整个影片视觉统一。短视频调色分为一级调色和二级调色：一级调色是还原色彩，减少视频的色差；二级调色是风格化处理，相当于给视频加滤镜。

一、短视频色彩模式

拍摄短视频常用的色彩模式有默认的709模式、Hlg模式和ILog模式三种。

（1）709模式。这是用相机和手机默认设置直接拍摄的视频，可以直接进行短视频调色。

（2）Hlg模式。设置相机的黑伽马值，它与709的差别在于它的色彩范围为rec.2020，可以保留画面更多的暗部细节，通常情况下在晚上拍摄时使用。但是这个模式的视频，在不支持HDR的电脑屏幕上看，会曝光过度。所以，在短视频调色之前，需要在剪辑软件当中，把视频色彩范围转换成rec.709，使其恢复到默认的709，然后再进行下一步调色。

（3）Log模式。同样是调整相机黑伽马值，一般来说在光比较大的场景，可用这种模式来保留画面中的细节，如正午的户外和晴朗的下午。但在这种模式下，拍摄的画面整体呈灰色，需要套lut还原，而在索尼相机的Slog2和Slog3模式下，它们的还原lut的情况不同。拍摄者可以根据相机的型号，去对应的官网找到还原lut，还原后再调色。

二、一级调色

短视频调色第一步是调整曝光，让画面整体的色彩范围适中，然后再对画面的明暗反差进行调整，让亮部更亮，暗部更暗，增加整体画面的质感。这里调整的是对比度、高光、阴影、白色和黑色，要注意色彩范围图，不要让高光区域到顶，也不要让暗部到底。然后对白平衡进行矫正,调整色温和色彩。短视频调色时,色温负数的是偏蓝色,正数是偏黄色;色彩的负数是偏绿色,正数是偏品红色。调色后,对比度增强,最后再适当调整饱和度,让画面整体颜色更鲜艳(图7-31)。

图7-31 调色前后对比

三、二级调色

二级调色主要调整具体颜色,并重塑光影。例如,调整较暗沉的肤色,以及蓝天、绿树、夕阳等自然事物。这一步主要使用与色相饱和度相关的工具,以及遮罩,可以通过它们调整色彩的走向和饱和度。光影重塑的作用是让观众视线可以集中到画面中的某个地方。

调色是实现理想画面的诸多方法之一。审美是调色师的核心竞争力,关乎内在气质和美学修养。颜色上的审美,分两层:一层是基础审美,也就是对自然事物的颜色记忆。例如,天是蓝的,水是绿的,太阳是红的,这种要真正反映到实际调色中会比较难把控。第二层是整体影调,要感知光影的变化,还有色彩之间搭配的合理性。

四、剪映调色的工具与参数

在剪映软件中,导入视频素材,选中视频素材后,在底部菜单中滑动找到"调节"功能,点击进入"调节",就能看到许多调整的参数,总共有15项调整功能,能够调整画面的曝光、色彩与色调。下面详细讲解每一项功能用法。

(1)智能调色。一键完成素材调色效果,调色简便但缺少个性,只适合业余玩家。

(2)亮度。亮度主要调节视频画面的明暗程度,按住参数栏中间的圆圈按钮,往右调整是提高画面的整体亮度,往左边调整可降低画面的整体亮度。

(3)对比度。对比度主要调节视频画面明暗之间的对比,往右增加对比度,即画面的明暗对比会变得更强,往左降低对比度,降低画面的明暗对比,画面看起来比较灰。

(4)饱和度。饱和度主要是调节视频画面色彩饱满程度的一个参数,往右增加饱和度,画面的色彩变得更加艳丽饱满,往左降低饱和度,画面的色彩变得更加平淡。

(5)光感。与亮度差不多,但是亮度使整体画面变亮,而光感是控制光线,调节画面中较暗和较亮的部分,中间调保持不变,光感是一个综合性的调整。打开光感设置界面,按住圆球向右拖动,可增加光感效果。反之,则减小光感效果。

（6）锐化。锐化是提升画面质感和清晰度的一个参数，增加锐化，能够让画面的细节更加清晰，但需要注意的是，锐化太高会导致画面噪点过多，画质不够细腻。锐化调整到30~40的数值就能够恰当地增强画面的质感。

（7）HSL。H表示"色相"，通俗地说，就是对视频或照片中指定颜色的色彩相貌进行调节，可以单独控制画面中的某一个颜色。S表示"饱和度"，即对视频或照片中指定颜色的鲜艳程度进行调节。L是"亮度"，"亮度"是对视频或照片中，指定颜色单独进行调节明暗程度（图7-32）。

（8）曲线。在RGB曲线调色的界面中（图7-33），可以看到四条曲线，分别代表白（亮度）、红、绿、蓝四种颜色。要想对某一种颜色进行调整，只需要点击对应颜色的曲线。此时会出现一些点，这些点可以通过拖动来控制曲线的弯曲程度，从而达到不同的调色效果。白（亮度）曲线向上拖动画面变亮，向下拖动则画面变暗；如果调整的位置偏左下，需单独调整暗处的明暗；如果调整的位置偏右上，则单独调整亮处的明暗。如果需要添加新的点，只需轻点曲线即可。

（9）高光。高光是降低画面亮部区域曝光的参数。增加高光，能够让画面中的亮部区域变暗。在一些亮部曝光过度的画面中，可以通过调整高光来降低亮部的曝光。

（10）阴影。阴影是提升画面暗部区域曝光的参数。增加阴影，能够让画面中的暗部区域变得更加明亮。在一些暗部曝光不足的画面中，可以增加阴影来提升暗部区域的曝光。

（11）色温。色温是调整画面色调冷暖的参数。往右增加色温，画面的色调会更加偏向暖黄色（暖色）；往左降低色温，画面的色调会更加偏向紫蓝色调（冷色）。可根据画面需要的冷暖

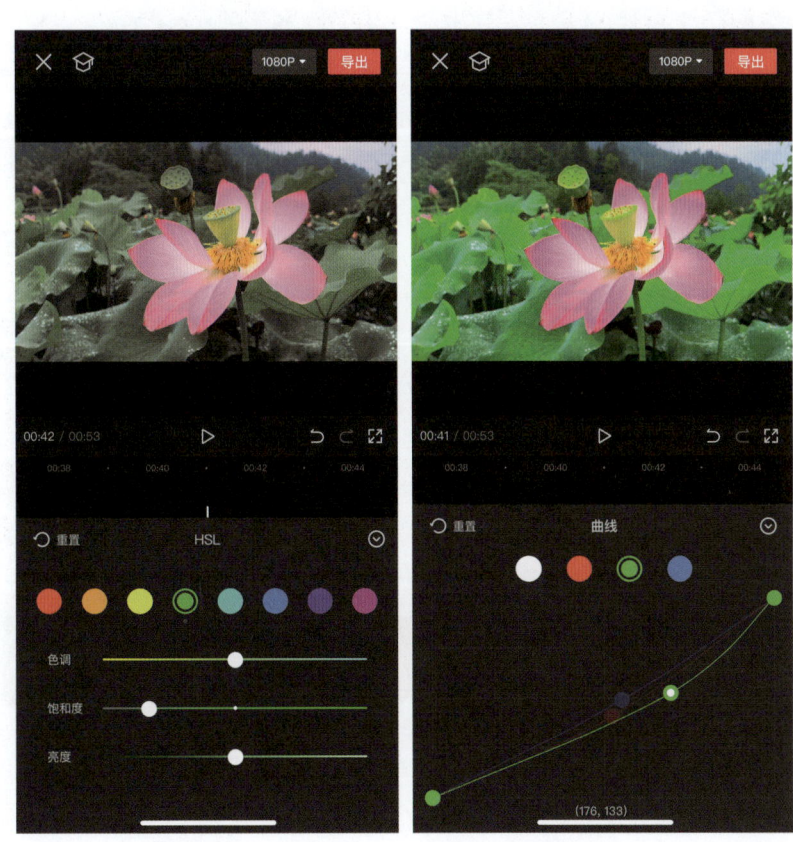

图7-32　HSL调节功能　　　　图7-33　曲线调节功能

第七章　短视频剪辑与合成

色调效果来灵活调节色温。

（12）色调。色调是增加画面中的青绿色调和洋红色调的一项参数。往右增加色调，画面的色彩更加偏向洋红色；往左降低色调，画面的色彩更加偏向青绿色。

（13）褪色。褪色是增加画面复古、怀旧的色调感。增加褪色，能够让画面的色调更加灰暗，营造一种复古胶片的色调感。

（14）暗角。暗角向右拖动可以给视频周围添加一圈较暗的阴影，向左拖动可以给视频添加一圈较亮的白色遮罩。

（15）颗粒。它可给画面添加颗粒感，适用于一些复古类的视频。

五、使用滤镜调色

在视频剪辑软件中，通常都有调色的滤镜，滤镜的风格和色调有许多种，可以根据自己喜好做合适的滤镜选择。下面以剪映App为例，讲解使用滤镜调色的方法。

在剪映App中，选中视频素材后，在底部菜单中找到"滤镜"功能并点击进入，这里有十余项滤镜类别、上百种滤镜，直接选中某个滤镜效果（图7-34），即可为选中的视频素材增加滤镜色调，实现一键调色。

添加滤镜后，还需要注意调整合适的滤镜强度（图7-35），滑动滤镜上方调节栏中的圆形按钮即可调节。可以灵活调整滤镜的强度达到最佳的色调效果。

图7-34　冰夏滤镜调整效果　　　　图7-35　富春山居滤镜调整效果

（1）如何高效进行视频批量调色。剪辑比较长的视频时，视频素材可能比较多，如何更加高效地对每个视频素材进行调色，并且让整个视频的色调统一，是在调色过程中需要注意的问题。

统一色调并批量调色可以先选择一个合适的滤镜效果，再将该滤镜用到全部素材，之后再针对每一个素材进行参数的微调。滤镜的作用可以让全部视频素材的色调风格尽量统一，部分素材可能在高光、阴影或整体曝光方面有些不足，在色彩方面有些偏差等，再逐一进行参数上的微调，就能快速实现统一的批量调色了。

使用这种方式来调色视频会比较高效，既能够快速统一全部画面的色调，也能单独调整画面的细节问题。在调色过程中需要选择合适的滤镜效果，并判断画面在曝光和色彩方面需要做哪些参数调整。

（2）小清新视频色调。在众多的视频色调中，小清新色调比较受欢迎，这种色调风格画面的曝光明亮均匀、色调柔和、对比度偏低，给人舒适自然的感受。这类色调风格适合拍摄日常生活、人物、夏日等场景。

小清新色调的后期调色也可以通过滤镜和调节功能来完成。在剪映中导入视频素材后，先选择合适的滤镜效果，之后运用到全部视频素材。适合小清新色调的滤镜推荐："自然""清晰""鲜亮""净白"。针对画面的特点，添加合适的滤镜，例如，套用"清晰"滤镜，滤镜强度调整到50左右。

之后，针对视频画面逐一进行调色，调整的思路和步骤与之前类似，部分画面由于曝光和色彩的差异，参数调整上会有些偏差。只要以小清新色调的风格特点作为依据，再结合画面的曝光和色彩做出调整的判断即可，统一调整之后，就能调出一段色调柔美清新的视频画面。

（3）温暖电影感色调。电影感色调滤镜有很多，温暖风电影色调的主要特点可以概括为：画面色调偏暖，曝光略微偏暗，色彩较为饱满，有一定的明暗对比感，画面有一定的复古怀旧氛围。这类色调适合用于旅行拍摄，城市、生活纪实类画面中。

在剪映软件中，导入视频素材，先选择合适的滤镜来统一色调，这里推荐的适合温暖电影感色调的滤镜有："深褐""晴空""即刻春光"几款。针对画面的特点选择"即刻春光"滤镜效果添加。之后，针对视频画面逐一进行调色，以温暖电影感色调的风格特点作为依据，再结合画面的曝光和色彩做出调整的判断，让全部视频画面都具有统一的电影感色调（图7-36）。

图7-36　未加滤镜效果、青橙滤镜效果和即刻春光滤镜效果

第六节　短视频包装

俗话说"人靠衣装马靠鞍",如果把短视频的内容比作人,那视频包装就是衣服。通过"衣服"装扮的内容会更加赏心悦目。因此,在短视频的内容生产方面,我们不仅要持续不断地输出优质内容,而且还要做好图文包装,美化短视频内容,提升观众观看节目的兴趣。

一、整体统一性

有统一包装的短视频会让观众觉得每期节目都是连贯统一的,特别是对于PGC(专业生产内容)节目。一方面,统一连贯的短视频能够区别于一般的UGC(用户生产内容),体现PGC专业团队生产的有序性。另一方面,统一性的短视频对于塑造视频的品牌性有很大的帮助,有助于在用户心理产生记忆符号,强化用户对于品牌形象的认知。

二、风格化

在短视频中,通过特别的拍摄技巧、音乐和视觉效果来营造自己的风格,是非常有效的方法。例如,可以使用特别的滤镜、调色和镜头运动来营造独特的视觉风格。短视频色彩的搭配是短视频包装很重要的部分,需根据自身短视频内容来确定包装的配色。例如,娱乐类短视频搭配明亮轻松色调;科技数码类短视频搭配简约干练色调。对于用户来说,包装配色对于形成品牌的记忆点非常重要。

三、快节奏片头

短视频相比于长视频,不只是时间短,更重要的特点是轻、快,也就是在短时间内带给用户更多的信息、更有趣的内容。对于一般的短视频来说,片头可以选择用快节奏的画面切换,这样可在有限的时间传递更多内容。此外,快节奏内容往往更能受到用户喜爱。

四、符合粉丝口味

一方面,应该根据短视频内容的定位来确定节目包装风格。例如,数码类节目的受众中,男性占大多数,所以可在做片头时,选择男性比较喜欢的炫酷、科技感强的包装,由此能使节目显得更专业。

另一方面,也要考虑到平台的粉丝属性。通常短视频平台的受众都具有共性,如B站粉丝的特点是年轻化、关注二次元。短视频包装需适应不同平台的风格。短视频包装不在于制作多么精美,重要的是能够体现节目的风格,凸显节目的特点。

五、无缝转场显创意

恰到好处的转场效果能够使不同场景之间的视频片段过渡更加自然,并能实现一些特殊的视觉效果,从而使创意发挥更加自由。短视频片段虽然可以通过淡入淡出、定格、叠化等技巧性转场进行衔接,但剪辑流畅的短视频一般都采用无技巧转场(直接切换)。无技巧转场需要在前期安排好前景景物（对画面做遮挡）、同向运镜、寻找相似物体等，后期再对拍好的素材进行合理的剪辑，让两个画面的切换变得更加无缝衔接。掌握好无缝转场的技巧，才能制作出惊艳而又自然的转场效果。

本章总结

本章讲解了短视频剪辑的基本流程、剪辑软件的具体应用、镜头组接的一般规律和音频的处理。重点要学会镜头蒙太奇组接技巧，通过不断的练习解决短视频后期合成的整体风格协调统一的难点。

课后作业

以阅读为主题拍摄10~20个镜头进行剪辑，可使用转场特效，但尽量通过视听语言的规律进行视频转场，如动接动、特写转场，转场速度与频率要符合音效的频率。把握好"背景音"与"画面音"的大小，把握好整个影片的声音大小水平，不能出现忽大忽小的效果，要有出场入场的效果处理，符合人的听觉习惯。

思考拓展

熟练掌握专业剪辑软件，熟悉短视频后期制作，熟悉短视频平台的推荐机制，对短视频的热点信息、流行话题等足够敏感，从而提高短视频的曝光量。还要有天马行空的想象力，便于后期创意视频的剪辑。

课程资源链接

课件

第八章 短视频的运营及推广

知识目标

（1）了解短视频的推广渠道。

（2）了解短视频运营的方式方法。

（3）了解短视频大数据生成的途径。

能力目标

（1）具备短视频运营的能力。

（2）掌握短视频作品发布与维护的能力。

（3）掌握短视频平台数据的分析能力。

第一节　短视频推广渠道

随着短视频行业的日渐火爆，各大短视频平台的关注度都非常高，不同的平台都有自成体系的流量优势，广告投放力度也比较大。常用的短视频投放渠道有哪些呢？

一、资讯类平台渠道

资讯客户端渠道大多通过平台的推荐算法来获得视频的播放量。常见的资讯类平台如今日头条、天天快报、一点资讯、网易新闻客户端等。它们通过推荐算法机制来获取流量，如淘宝智能推荐商品。"推荐算法"被看作当下乃至未来大数据分析的趋势。对于很多自媒体创作者来说，这是非常可取的推广渠道。

二、社交平台渠道

社交平台有微信、微博、QQ三大平台，它们的传播性强，推广内容丰富，用户黏性高。社交平台渠道不仅是短视频发布的重要渠道，也是商家必争之地。

三、短视频播放渠道

短视频播放渠道是众多企业商家必争之地，常见的短视频播放渠道如抖音、快手、西瓜视频等。这类渠道具有门槛低、投入成本低、见效快的特点，而且用户基数大，是近年来的流量高地。

四、垂直类投放渠道

垂直类投放渠道是重要的推广渠道之一，是应对传统营销渠道的挑战而出现的。垂直推广系统由生产者、批发商和零售商组成，是一种统一的联合体。垂直渠道的出现是验证短视频推广是否有效的依据，目前的电商平台，如淘宝、蘑菇街、小红书等，通过短视频可以帮助用户更全面地了解商品，从而促进购买。

第二节　短视频五大运营法则

一、"三秒钟吸引"法则

所谓"三秒钟吸引"法则，指短视频要在开始的三秒钟内吸引观众注意力，才有可能达到100%"完播"，而高完播率是平台推荐流量的核心指标之一。因此，能否在三秒钟内吸引观众，是决定一条短视频能否完播的关键因素。

要做到"三秒钟吸引"法则，必须在短视频的开头建立"高效诱因"，以"短平快"的方式将视频的精华、悬念等观众期待的因素传输出去，从而利于"完播"。例如，观众在刷抖音的过程中会注意到，有些视频会把最精华的视频剪辑在视频最前面，通过精华内容来吸引观众看完整个短视频。

（1）建立诱因。前三秒钟内的诱因需要简单、直接，视觉冲击效果强。它多通过文案、音乐、人物、IP等因素开场，以此吸引观众的注意力，建立"完播期待"。

（2）文案诱因。它是通过设置悬疑来引导观众继续观看的动机。主要包括："看到最后你会来感谢我""结尾会有彩蛋……""后边更加精彩……""第四个小姐姐最可爱"……

这样的文案引导意图比较明显，但久而久之效果会下降。除此以外，还有的视频文案并不设定悬疑内容，而是通过时间、空间、身份的描述引发观众的好奇心，从而让人产生看下去的愿望。例如，有的短视频开头便给出："我是一名心理医生，夜间要访谈一名患者……""我是一名演员，现在来到了现场……"类似这样的内容不仅引发了观众的联想，同时会根据自己的心理预期想象接下来的情节。由于观众很想知道答案，所以可以诱发连续观看的动作。

（3）IP诱因。相比文案，内容IP更具有触达效果。不论是人物、产品、音乐，还是其他脍炙人口的内容，一经推出马上能引起粉丝的共鸣。观众会有自己喜欢的短视频博主，而这些博主的个人IP都非常强烈，只要观众刷到他们，常会停下看看，"是不是又有什么新作？""又会有什么创意？"这些好奇的念头不禁会在观众的心头涌起，于是期待一直看下去，"三秒钟法则"效果立竿见影。

（4）音效诱因。各种完播的视频，常有一个共同的特点，那就是音效元素。如有一段音效，观众在听到的一瞬间就能带回当时听到的场景，这就是音效的代入感。抖音每隔一段时间就会出来一段热门的背景音乐（BGM）。各种流行的段子都离不开"魔性"的音效，其"魔性"在于独特的音乐会给观众以条件反射，情不自禁地激发人的特定的情绪，使其跟随音乐的节奏开始沉浸式的"内心体验历程"。

二、内容"三高"法则

所谓"内容'三高'法则"，是指短视频的内容要"高浓度展示、高密度聚焦、高强度触达"，从而孵化出自带流量的"垂直账号"。

（1）高浓度展示。碎片化时代，注意力的争夺就是流量的争夺。受时长的限制，短视频需要在观众失去耐心之前引起他们的兴趣，因此需要直接切入主题，以最快的速度来展示内容，这就是提高视频内容的"浓度"。

（2）高密度聚焦。短视频内容需要足够聚焦，视频内容唯一或聚焦，才能更全面地运用多元化的手段进行渲染。聚焦的结果是突出视频的个性。围绕各平台比较火爆的内容，配以音乐、对白、人物、场景，烘托出较强的个性化场景，最终才能产生较好的触达效果。

（3）高强度触达。通过内容的强化，抖音平台孵化出了一系列个性化的垂直账号。固定的内容风格形成了固定了账号的内容调性，从而聚集了相应的粉丝群体。

三、"搞笑+种草"法则

所谓"搞笑+种草"法则，指随着短视频潮流的发展，其内容不再局限于单一领域，而是几种内容同时具备。最为明显的就是带货和搞笑两个方面，正在成为"好玩儿"的助推元素。纵观抖音、快手等多家内容平台的发展轨迹，可以发现，短视频平台的营销属性越来越明显，正在从内容化向带货化方向转变。

据网络大数据分析发现，目前最受欢迎的短视频当属搞笑和种草两大类。通过有意思的剧情增加内容的娱乐性，满足观众"好看"的需求，同时又在情节中加入产品功能的展示，通过产品的使用、效果内容将情节串联起来，充实了搞笑内容，满足了观众"获得感"的需求（图8-1）。

让用户在轻松、快乐中进行产品体验，促进营销转化和品牌感知，这将是视频平台内容营销化的发展趋势。

四、追剧模式法则

所谓追剧模式法则，指账号内容分集呈现，引导观众持续关注，产生"追剧"的效果，以增加他们对账号和平台的黏性。

使用抖音的用户都有刷视频的经历，不断地刷屏，反映出用户使用抖音的随意性。用户使用抖音的目的很明确——希望能得到预期的享受，但是具体落实起来又缺乏落地的能力。

内容风格统一、分集展示。对爆款内容的意犹未尽、疑惑剧情的强烈好奇、心理预期的迫切证实……抖音账号通过内容的调性，持续引导观众关注，以达到"追剧"的效果。

图8-1　才艺类博主

持续关注一个账号时，用户的观看效率会大幅提高。原来花几个小时来寻找喜欢的内容，逐渐变成花同样的时间沉浸在自己喜欢的内容之中。观看的满意度不断提升，换来的是账号、平台黏性的不断增强。

五、真人属性法则

所谓真人属性法则，是指用户对于短视频App的使用很大程度上遵循着优质内容导向>持续关注账号>人设魅力跟随的使用逻辑。

随着短视频App使用频次的加大，用户从最开始的寻找适合的内容，发展到持续关注某几类内容账号，最后成为号主>账号主人>粉丝。一个优秀的短视频账号，不仅会吸引观众注意力，建立粉丝群，同时还是展示人设的窗口。

出于好奇心，观众对于自己喜欢的"号主"会产生浓厚的兴趣。通过网络手段不断了解号主信息，在人设魅力的感召下持续关注个人行为。到了这个阶段，账号和人设融为一体，短视频App不仅是内容的平台，更是粉丝们与"号主"的互动媒介。"号主"的出镜将会增加短视频更多的完播、点赞、弹幕、转发，个人IP将成为抖音平台最有价值的资产。

第三节　内容发布时间

影响一条短视频作品数据表现的原因有很多，比如类型、内容，但有一个容易忽略的关键因素，那就是每天的作品发布时间。

一、黄金发布时间

黄金发布时间，用四个字总结叫作"四点两天"。所谓的"四点"指的是周一到周五的4个时间段：7:00~9:00，大多数人睡醒后，会看看手机、刷刷抖音、醒醒神，或者在上班的路上有空闲，去看抖音有什么好玩的。12:00~13:00，忙碌一上午，趁着吃饭的休息时间，刷刷抖音开心一下，看看喜欢的主播有无更新。16:00~18:00，主要针对办公室白领，这段时间，他们工作处理得差不多，有时间看抖音放松。21:00左右，大家忙完一天，终于可以放松地躺在床上休息。而"两天"指的是周六、周日的休息时间。

二、最佳发布时间

在发布时间的选择上，主要分为四个原则。

（1）选择固定的时间点发布。很多老用户其实不关心视频发布时间，他们会选择一个固定的时间点来看。但创作者每天准时准点发布，一方面可以培养粉丝的忠诚度，为他们建立定点观看的习惯；另一方面可以让自己的创作团队成员心里有谱，有规律、有节奏来发布作品，可以提前做好准备。

（2）追逐热点发布。热点会产生大量的搜索和关注度。一些创作者会在热点产生的第一时间，快速打造出符合自身调性的内容，趁热度发布，吸引粉丝，获得曝光。

（3）错峰发布。抖音很多大账号会把短视频发布时间集中在16:00~20:00，因为16:00一直到凌晨，用户活跃度更高。这是人们对放松娱乐需求更集中的一个时间区段。这时发布优质内容，能够及时得到精准标签用户的反馈，上热门的机会更大。但有利有弊，这一时段发布容易造成大量新内容的扎堆，影响发布速度。

抖音活跃用户有上限。例如，系统给出1000万的推荐量，同一时间系统推荐10个好作品，与同一时间推荐100个作品，明显前者获得的曝光次数会更多。所以很多创作者会选择错峰时间发布，提前或者延后1个小时或者半个小时。在系统中作品量不多的时候，争取让自己的作品能够更有机会获得好数据，或者说进入更大的推荐池中。

（4）无特定规律，自由发布。有些百万粉丝的账号，从1:00~23:00，什么时间都会发布，有时凌晨发布的作品，数据比黄金时间发布的更好。

三、其他关键时间

除了以上发布时间，还有其他一些细微的关键时间节点。

（1）参考大账号的发布时间。账号做不起来的原因千差万别，而做得好的账号都有相同点。同类型的大账号，除了内容更好、文案更棒、点子更多等原因，发布作品的时间也值得创作者们借鉴参考。对于新账号来说，创作者可以借鉴大账号爆款内容更集中的时间段来发布自己的作品，这样同类型标签用户的反馈会更高。

（2）目标用户的针对性调整。创作者需结合自己的产品、服务、标签的目标用户使用情况来调整发布作品的时间。例如，宝妈群体白天要照顾宝宝，有人还要上班，要等晚上宝宝睡觉了才有时间发抖音视频。她们就可以选择深夜来发布作品；而教健身一般要避开工作时间，可以选择晚上或者周末休息时间发布作品。

（3）热点、热搜发布的第一时间。热点和热搜能够带来大量的曝光量。在热点、热搜发生的第一时间，找到与自己账号吻合的切入点快速跟进，在平台追热点内容还没大量出现的时候，第一时间吸引用户的关注。

另外，短视频发布还有一些小细节要注意。

1）抖音作品审核需要时间，可以适当比预期时间提前几分钟发布。

2）节假日用户休息娱乐，创作者发布视频时间可顺延。其实从用户的角度出发，任何一个时间刷抖音，都可以看到爆款。哪个时间更适合发布，需要靠创作者自己多摸索、多实践。

第四节　数据分析

什么样的内容能吸引短视频平台上的用户？我们应该如何利用短视频，把产品和服务展现给更多的用户？有人坚持认为，只要每天发视频就一定会积少成多总有一天会从量变到质变。实际上，这样的结果可能并没有流量，点赞可能也非常少，因为是"为了发而发"造成的。其实每个发布出去的视频里都包含着非常重要的数据指标：视频完播率、点赞、评论的数据，以及通过视频内容转化成为粉丝的数据有多少？创作者可以利用这些实际数据，通过不断分析，优化视频内容。

一、数据的价值

数据可以给创作者带来两方面价值：一是整体情况，二是数据优化。创作者可以通过数据的分析看到整个账号的情况，而不是仅局限在单个视频或几个视频上。例如，有没有通过视频的推送带来账号的粉丝量增长，或者是否让整个账号的流量明显提升？

另外，要做数据对比。例如，前一条视频的点赞量比较低，我们就要去分析是什么原因导致的流量降低。点赞代表什么含义？转发代表什么含义？完播代表什么含义？通过这些指标表现，不断调整视频的呈现形式，这就是数据的价值。

二、短视频重要数据指标

创作者关注数据表现的最终目的是想解答两个问题：其一是创作的视频能不能上热门；其二是创作的视频怎样才能上热门。要知道这两个问题，就要先了解短视频的五项重要数据指标（表8-1）。

表8-1　短视频的五项重要数据指标

数据指标	数据公式	指标解释
完播率	用户完整播放数/总播放次数	全部看完视频的人所占比例
粉赞比	粉丝数/点赞总数	对我点赞的人，有多少人成为我的粉丝
赞播比	点赞数/播放数	看过我视频的人，有多少点赞了
赞评比	评论数/点赞数	点赞的人，有多少发起了评论
转赞比	转发数/点赞数	点赞的人，有多少进行了转发

从以上五个数据指标可以发现，点赞并不是视频热门的唯一原因。与点赞量相关的数据同样是重要指标。点赞的人有多少能成为创作者的粉丝？有多少人开始分享创作的视频等，这些维度都是创作者要去重点关注的。抖音平台有三种方式可以获取到这些数据：发布的作品下方"数

图8-2 抖音作品数据分析

据分析"或抖音创作者服务中心—账号数据；创作者服务平台；企业管理后台（蓝V认证后可用）。第一个在手机端就可以直接查看，后两个需要从PC端进行访问（图8-2）。衡量视频内容质量有以下几项重要指标。

（1）完播率。判断一个视频是不是优质视频，首先要看的就是这条视频的完播率。完播率=完整的播放数÷总播放次数。完播率越高，说明用户对视频越感兴趣，有继续看下去的意愿，也就有可能推荐给更多的人观看。一般来说，爆款视频的完播率可达40%~80%。那如何提升视频的完播率呢？缩短视频时长，视频节奏不拖沓，视频开头吸引人或者留下悬念，都是能提升视频完播率的有效办法。这需要我们在脚本设计环节就着手策划。

（2）粉赞比。在为视频点赞的人里，有多少人能成为粉丝，需要看粉赞比。粉赞比考量的是视频账号的吸粉能力，也就是粉丝数在点赞数中所占的比例。一般来说，粉赞比在0.1的属于普通账号；0.3代表账号的吸粉能力不错；能达到0.4以上就代表该账号的吸粉能力非常强。观众经常看到的大V级别的优质账号粉赞比基本都能在0.4以上。

（3）赞播比。点赞说明看到视频的人对内容表示认可，所以赞播比体现的就是视频受欢迎的程度。一般来说，赞播比＞0.1的视频，被平台推荐的概率比较大，这些是观众经常在首页刷到的推荐视频。

（4）赞评比。评论和点赞都是用户看到视频后，对内容做出下一步的动作。所以创作者可以通过赞评比来衡量视频在目标用户中的受欢迎程度，以及视频的互动效果率。能够被认为优质视频的赞评比能为0.1~0.5。

（5）转赞比。高转发数是打造爆款视频的关键部分。一般而言，视频的转发数大多会比评论数要高，而且差值越多越好。转赞比也是抖音来考量视频贡献值非常关键的一环。

除此之外，受众粉丝画像也是创作者们可以多去关注的维度。通过粉丝画像，可以从年龄、性别、地域等多个维度了解观看视频用户的情况。通过这几个维度数据的了解，就能很好地衡量创作者的视频能不能上热门。

三、提升短视频完播率

用户会不会完整地看完一条视频，取决于这条视频能不能为用户带来价值。价值的含义不仅指视频中传达出来的内容价值，如视频风格幽默搞笑，或者背景音乐"魔性"易带"节奏"，或者出镜者颜值很高，剧情情节非常连贯等。只要传递的价值对用户来说有用，吸引用户就可以。视频中出现哪些问题会导致完播率低呢？

（1）视频过长、节奏慢。这类问题很常见。有人直接将公司宣传片发到短视频平台上，或者直接截取宣传片的片段直接发布。殊不知再大气的宣传片在短视频平台上也是"水土不服"。宣传片的作用是展现企业文化和形象，介绍产品和服务，进而让人们了解企业的实力。企业宣传片更适合发布在官网或展会等处。而短视频不一样，短视频的特色是时长短、节奏快，主题单刀直入、直接明了。最好3秒就切入主题，绝不拖泥带水。

（2）内容不垂直。在运营过程中，内容的垂直度非常重要。只有内容垂直，平台才会给创作者的账号打上标签，才能更好地推荐给对应的人群，确定推荐方向和目标人群。如果发布的内容不垂直，今天发旅游，明天发搞笑，平台系统无法判断创作内容的领域，自然无法给作品更多的推荐，没有推荐，播放量自然不高（图8-3）。

（3）主题不明确。这是创作者非常容易犯的一种错误。最常见的形式就是直接用手机相册中的图片轮流播放，而且没有任何贴片提示，配上简单的背景音乐，让人看了并不知道创作者到底想要表达什么，这就是没有主题。不管一条短视频的形式如何简单，都要经过主题设计这一步，没有主题也就无法触动用户痛点，自然就没有人愿意看了（图8-4）。

图8-3 内容不垂直导致数据差　　图8-4 主题不明确导致数据一般

那正确做法应该怎么做呢？

1）直奔主题。开头三秒点明主题，短视频在30秒到1分钟内，前5秒是关键，能不能吸引目标人群就看前几秒。直奔主题，不要做铺垫、设悬疑，不要说大家都知道的事情，不要拿旧闻当新闻，否则会严重影响视频的完播率。例如，探店类的视频，观众关心的除了美食的口味、店铺地址，可能就是价格了，可以直接将探店地址、美食名称和价格放在封面上，或者在开头就点明主题："这份面35元，小姑娘可能会吃得很饱。"

2）评论引流。评论引流是去同领域热门视频的评论区发表评论。发表的内容要与行业相关，前提是创作者的账号是行业内相关性比较强的账号，即账号垂直，越垂直引流的效果才越明显。

3）引导关注并点赞。我们经常看到视频结尾处有"还想知道……点赞关注我！"之类的文案，这是有效"诱导"点赞的方法，也是帮助短视频实现涨粉、点赞的方法之一。快手平台上耳熟能详的"老铁双击666"就是这个作用。

4）蹭热点。热点常有，但如何看热点并不是所有人都知道。以抖音为例，在主页直接搜索"热点小助手"——点击右下角——开启热点关联，选择热点——点击投稿，发布前加上#话题即可。

5）打标签。标签打得好，流量自然就来了。打标签是抖音最明显的一个特质，创作者可以在PC端登录后台操作。在创作者服务中心，有两个栏目"我关心的"和"与我相关"。前者中可以添加10个和自己账号相关性高的对标账号，然后在后者中添加3个行业关键词即可。另外，创作者在发布视频的时候，可以在#中加入自己的话题再发布，这是为了打造专属创作者自己的话题标签。一开始关注这个标签的用户常会比较少，但是只要一条视频内容火了，就会带动整个话题的热度。

6）持续输出内容。持续输出账号内容，保持账号的活跃度，一方面可以增强老粉丝的黏性，另一方面也会增加新粉丝。断更难以获得平台的流量推荐，掉粉在所难免。

可以制作一份短视频内容自检清单来整体检查（表8-2）。

表8-2　　　　　　　　　　短视频内容自检清单

选题	整体内容是否符合抖音规范（必须）	√
	主题是否蹭到近期热点话题	√
拍摄	拍摄画质是否清晰，镜头切换角度是否合适	√
	视频中与重点内容无关的镜头是否已经优化	√
开头	是否在前5秒就出现视频核心信息	√
	是否在第一句话制造悬念	√
	是否在15秒内出现第一波高潮	√
	是否开头利用固定句式制造一些矛盾点	√
内容	是否加上了本人独特的口头禅或记忆点	√
	全文内容是否有反差或反转	√
结尾	结尾是否正向引导大家关注、点赞、评论、转发，或者进入直播间	√
文案	文案是否携带话题	√
音乐	音乐是否已避免侵权风险	√
	是否选择热门音乐、特效配合画面切换	√

第五节　短视频变现

现在直播带货变现越来越多，但是部分人不愿意抛头露面，或者不具备直播带货的口才，更愿意用短视频变现。对于想通过短视频赚钱的人来说，商业变现是创作者的原动力，也是永恒的主题（图8-5）。

通过短视频实现赚钱，需要找到适合自己的变现模式。目前短视频常见的变现方式有以下4种。

图8-5　短视频变现

一、短视频+电商变现

"短视频+"的出现，将传统的"广告是广告、内容是内容"的商业模式，变为你中有我、我中有你，也就是"内容即广告，广告即内容"的模式。短视频内容的存在，让创作者与用户之间建立了信任，创作者与目标用户之间的信任感越强，电商变现的回报也越大。

短视频+电商变现模式可以让创作者通过直播直接销售商品，也可以围绕商品进行内容创作。例如，短视频平台可以开通电商店铺，如抖音小店、快手小黄车、抖音购物车、抖店、直播卖货等，帮助创作者通过多种功能化的产品模块实现收益的最大化。对快手而言，因为先天具有社区属性，用户与创作者之间的信任更加牢固，电商变现优势更大。

选择短视频+电商变现的模式，源于用户的信任，要用真诚的态度对待商品的选择，保证质量，保证用户良好的购买体验。

二、短视频+内容流量变现

短视频的最大特点就是能够快速吸引用户的注意力，并使用户长时间停留，也就是拉长用户的观看时间。这一特点与互联网赚取流量展示广告费的底层逻辑不谋而合，正是应了那句话——有流量的地方，就有商业模式。对短视频而言，内容流量变现主要是平台针对商家的广告按照CPM（千人展现成本）、CPC（点击成本）、CPA（行动成本）等方式计费，然后平台与创作者再按比例来分配收益。

B站善于主推优质内容，只要创作者围绕用户需求用心创作，内容就会得到更多的人观看。观看的人越多，播放量越大，广告展示的次数越多，收入也就越多。

创作者除了在B站上可以享受流量变现带来的收益外，在快手上只要参加官方的广告共享计划，就可以将广告植入短视频内容，通过流量变现。除此之外，西瓜视频、好看视频、爱奇艺、百家号、企鹅号等诸多平台都支持流量变现，而且有一些平台的广告收益非常高，创作者可以通过内容创作实现流量变现。

B站上的创作者"何同学"创作了一期与600万人合影照片的视频，讲述了如何采用科学的方法将自己和600万粉丝的头像合影，且还能让每个人清晰找到自己的头像。如此有趣的内容在很短的时间内使视频播放量超过1000万。

需要注意的是：当我们选择通过内容流量变现时，一定要注重视频质量。

三、短视频+知识变现

以前人们获取信息的渠道相对单一，而如今互联网检索使信息查询更加便捷。短视频的内容不仅仅有娱乐性，还可以提供知识价值。创作者分享自己的见解、传递一个道理等，就会让用户感受到价值。

短视频+知识变现包括课程变现、社群变现、出版变现等，通过将已经被大众接受的传统媒介购买形式与短视频组合，成为新的商业模式。

（1）课程变现。课程变现就是创作者将短视频中的内容知识，以系列课程的形式集结并对外出售，让用户收获价值。课程变现适用于各个领域的知识创作者，只要有用户认可内容的价值，就可以实现商业变现。

需要注意的是：当创作者选择采用短视频+课程变现时，要围绕用户遇到的难点、痛点，给予真正的解决方案，或者帮助用户获得某种能力，改善自我。

（2）社群变现。社群变现就是将创作者的目标受众用户从短视频平台导流到私域社交平台（微信、QQ）上，以建群的方式帮助用户解决难题、提供价值。这种方式可以通过社群付费咨询、付费课程、付费具体技巧等模式实现。

付费咨询：将用户导流到私域社交平台后，以月费或年费的方式为用户解答问题、提供具体的解决方案，并规定每个月咨询的次数、时长等。

付费课程：针对私域平台上的付费用户进行有针对性的课程打造，以较低的价格售卖给付费用户。这利用了互联网边际成本低的特性，让更多的用户可以以最低的价格享受更优的知识服务。

针对用户需要学习的某一项技能、方法、诀窍，创作者专门录制视频并销售。这种技巧没有时效性、局限性，只要有新用户进入社群，就可以进行持续不断的售卖。

需要注意的是：要向用户提供真正有价值的知识、见解，彼此的信任感才会产生，用户才会持续关注并追随创作者。

（3）出版变现。创作者制作出体系化的内容以图书销售为商业模式变现，并提高自身的品牌价值。

需要注意的是：图书出版对创作者自身要求较高，需要自身具备专业知识与技能，还需要将所属的创作领域内容进行系统化、体系化梳理，成为一个可以让用户学习知识的媒介形式。（图8-6）

图8-6 短视频出版变现

四、短视频+内容广告变现

在短视频平台上，内容广告变现就是在吸引用户注意力的时候给予商品、品牌的展示、曝光，以宣传品牌。

对创作者而言，在短视频内容变现中可以选择植入广告、接单广告、冠名活动三种形式，可以让创作者根据所处创作领域与自身定位进行具体创作。

（1）植入广告。浅显理解就是将某一种产品作为内容的一部分进行展示，不影响内容的完整性，也不会感觉广告属性太突兀。例如，有些美食类的创作者在创作某一道美食的制作过程中，经常会对某品牌的食用油、餐具等给予展示，但是不会影响整体的内容节奏与完整性，也不会影响用户的观看体验感。

旅行类的创作者每一期内容呈现的是各地的风土人情，视频中也会展示与旅行相关的一些品牌用品，如帐篷、背包、防晒霜、食品等，这些都是植入广告。如今也有搞笑、剧情类的创作者在内容中提到休息时玩的某款游戏，这也可以看作植入广告。

当创作者采用植入广告时，需注意自己的创作领域与广告品牌关联性要强。商品为内容服务，也就是内容的完整性不能破坏，没有商品的植入，短视频也可以独立成为完整的内容。

（2）接单广告。接单广告就是利用平台广告系统派发的商品广告进行内容创作的广告形式。随着短视频平台的日渐成熟，快手的快接单、抖音的星图广告等都成为创作者与广告主的沟通桥梁，让广告主找到合适的创作者，让各领域创作者找到适合创作的品牌。创作者可以根据商品的特性，并结合自身的定位进行"命题式"创作来获取收益。接单广告不仅要了解商品的个性诉求，还要围绕创作者自身的内容定位，找到两者完美结合的平衡点，使内容具备传播性、完整性以及欣赏性。

需要注意的是：当创作者选择接单广告时，一定要懂得内容的完整性，不能让用户感觉视频内容变成了商品宣传、展示，或全是商品的优势讲解、益处罗列等。要按照内容创作的节奏与方式将商品内容化，使接单广告成为用户可以接受、喜欢的一种方式。

（3）冠名活动。冠名一词并不新鲜，多用于影视剧、综艺节目及各种有影响力的媒介、信息载体。如今，在短视频领域，冠名活动更多是品牌商与短视频平台合作，由平台邀请具有影响力的某个或多个领域的创作者进行付费创作，目的是吸引平台上更多的创作者加入。冠名活动的参与，往往是以某个品牌对外传递的宣传语作为创作内容，相比接单广告，它的创作灵活度更大，要求也相对较低，只要符合冠名活动的基本要求就可以，并不会影响自身的内容定位。

需要注意的是：创作者参与冠名活动时，需要添加具体的活动标签，用官方平台规定的内容道具或者话术进行引导。在选择这类创作活动时，应尽量选择知名度高、品牌影响力大的商品，这会在无形之中给自己的账号做信用"背书"。

本章总结

本章讲解了短视频推广渠道、运营法则、作品发布时间的一般规律和数据的分析与处理。重点要掌握短视频的运营法则，难点是如何学习短视频变现方法。

课后作业

根据短视频主题和传播价值，对短视频的传播渠道进行分析，并选择符合主流短视频行业应用的传播渠道，完成短视频发布的运营方案设计。方案包含：发布平台及发布账号信息，发布时间规划，受众分析，传播渠道分析，观众评论互动，热点话题策划等。

思考拓展

短视频要么有料，要么有趣，要么有颜值。有趣要求段子剧本好，有好的演员，难度系数大；有颜值要求出镜者颜值高，但颜值各有喜好，众口难调。但也有的账号并不满足这几点，仍积攒了大量粉丝。只要我们持之以恒，不断输出内容，就可以积攒粉丝。

课程资源链接

课件

第三部分 短视频项目案例解析

第九章 短视频制作实例

知识目标

（1）了解人物访谈短视频的创作流程。

（2）了解美食制作短视频的特点。

（3）了解旅行Vlog短视频的创作难点。

能力目标

（1）具备不同类型短视频创作的能力。

（2）掌握短视频内容策划与编导能力。

（3）掌握短视频创作团队协作与资源整合能力。

第一节 人物访谈短视频创作

人物访谈类视频是一种常见的视频类型，包括传统的人物采访类电视栏目，人物采访类短视频、街访类短视频，以及一些人物出镜讲解的知识型短视频，甚至包括一些故事片、纪录片中会有人物采访对象的镜头。拍摄人物需要固定的角度和方法（图9-1）。

人物访谈类短视频看似简单，实际却非常考验摄影师的基本功以及创造力。那么，在进行人物访谈类短视频的拍摄时都需要哪些技巧呢？

图9-1　人物采访现场

一、拍摄前期的准备工作

拍摄前要做好三件事。一是选好拍摄对象。拍摄对象要选平凡人中的不平凡者，平凡人能引起大家的共鸣，不平凡者是拍摄对象身上一定要有闪光点，也就是有异于常人的地方。拍摄出的成品要让大家看了有所思考，有所收获。二是围绕拍摄对象列出10个左右的问题。列问题要站在观众的角度，考虑大众想从拍摄对象身上了解什么。问题可以围绕三类：工作、家庭和生活。三是拍摄前检查好器材。相机充好电，准备好话筒、三脚架等。

二、拍摄中的具体工作

拍摄中一般围绕拍摄对象做三件事。第一，与拍摄对象面对面谈话，相机架在采访者的左侧或右侧，拍摄对象的侧面。列好问题逐个提问，与拍摄对象像聊天一样。为确保后期剪辑素材丰富，十个左右问题即可，问题太多会增加后期制作中选材的负担。第二，根据拍摄内容采集访谈内容。例如，拍摄工作场景，可以进行工作情景再现；拍摄家庭生活场景，可以去拍摄对象家中取材。拍摄的素材越多，后期剪辑时选择的余地也就越大。第三，整理出拍摄对象访谈的录音，根据录音内容，丰富完善出人物访谈稿件，便于后期图文编辑时使用。

在进行人物拍摄时，以下几点需要特别注意。

（1）拍摄对象第一次上镜时多会紧张，不自然。这时拍摄团队要适当进行引导，可通过表情或手势来表示赞许和肯定。这些看似微不足道的细节，能够让拍摄对象更好地发挥，保证采访的顺利进行。

（2）拍摄环境的布置要符合访谈的主题。例如，拍摄亲情类的短视频，背景需要布置得温馨舒适，拍摄搞笑类的短视频，背景可以布置得轻松随意（图9-2）。

图9-2 人物采访布光

（3）每个采访对象都想让自己看起来形象更佳。在采访中，可以将摄像机架高一些，微微地俯拍，这样能使人显得更瘦高。如果拍摄对象是知名的专业人士，可以用侧面仰拍的机位来进行拍摄，这样会显出对人物的尊敬。

在进行专业采访时，通常采取的拍摄方法是设置一个或两个相机。如果有足够可以灵活应用的资源，第三台相机可以给制作带来额外的惊喜。正机位或者侧机位常来记录采访的主要内容，一台移动机位则可以记录特写画面来突出人物细节。一台主机位拍摄人物正面时，注意不要让被采访者直面镜头，最好让其视线偏向主摄像机30°~45°。这种角度下，画面里的人物更自然，人物脸部也更有立体感。其余两台机位，一台靠近人物，进行脖子以上的特写镜头拍摄，另一台用来拍摄全景画面，或者主持人及被采访者的表情和动作特写。如果只用单一摄像头拍摄，而不是多镜头或角度切换，那后期剪辑连续镜头则难度很大。加入第二台摄像机可以生成更多有用的素材，方便剪辑，给观众的视觉感受也不会过于呆板与索然无味。如果使用第三台相机，可以得到一些创意镜头，丰富后期素材。

布置机位时，可以直接设置三脚架上的A机位和B机位，设置固定镜头。如果可以加入第三个机位，不妨用一些灵活自由的活动机位。可以用聚焦突出重点，或用虚焦来转换场景等，剪辑的时候可以插入更多灵活多变机位拍摄出的焦段素材，加强采访视角的丰富性。

三、拍摄后的剪辑工作

围绕剪辑需做四件事。第一，将访谈的完整录音压缩到三分钟左右。前期访谈连续录制了40分钟，或者更长时间，剪辑第一件事就是从中选出最有价值、最想展现给观众的三分钟内容。内容决定一切，这是整个后期剪辑中最基础的工作，也是最核心的工作。第二，根据三分钟录音寻找相应的视频片段，插入合适的位置。这个相对容易，前期拍摄的素材多，只要符合拍摄对象语境氛围，放上相应的视频就可以。这时的技巧是每一幅画面不要太长，最长不要超过十秒，否则会引起观众视觉疲劳。第三，根据三分钟短片配音乐。背景音乐十分重要，对整个视频的基调、氛围影响很大。所以在选择音乐时要选契合短片主题的音乐类型，如欢快的、忧伤的，还是正能量的等。第四，配字幕。这是最后一项工作，相对而言轻松，且容易完成。拍摄对象说的内容，直接加字幕就可以，但一定要确保没有错别字。

第二节　美食类短视频创作

美食类短视频主题类型丰富，精致的中华美食与悠闲的生活状态相叠加，呈现出大众喜闻乐见的视频内容（图9-3）。

图9-3　美食短视频拍摄

一、美食类短视频主题类型

（1）美食教程类短视频。美食教程类短视频以美食教学为主要内容，通过美食制作的时间线展开叙事，呈现菜品"前期准备——中期制作——后期收尾"的全过程。这类短视频以俯拍为主，侧重食物的特写镜头，以简单易懂的方式教会观众菜品做法为主要目的，画面呈现环境的洁净与食物的精美。"麻辣德子""子航核电站""半吨先生""樊小慧儿""阿蔡美食雕刻"等视频账号是美食教程类短视频的典型代表。"麻辣德子"在制作美食教程的基础上，会增加趣味剧情，吸引观众。

（2）美食测评类短视频。美食测评类短视频一般以"线上购买""线下探店"两种方式进行，短视频博主边品尝食物边讲解并评价该食物。"线上购买"指博主按照网友喜好或某食物的火热程度进行线上采购，再利用短视频推送的形式播放自己试吃过程及感受。这类短视频内容创作的目的在于帮助观众选择更好的美食货品，但不同人味觉有差异化，此类短视频的内容具有一定程度的主观性，并不能体现所有观众的口味偏好。典型代表有博主"唐尼是个der"和"阿泽zer"。以"阿泽zer"为例，短视频内容以网红食物测评以及粉丝留言最多的食物测评为主，满足观众猎奇心的同时，推荐博主认为值得购买的产品。

（3）吃播类。吃播视频是美食类短视频领域下比较受欢迎的一类。美食博主往往通过呈现享受美食的幸福感，或者以超大饭量为亮点吸引观众。人们看吃播视频，看到美食博主大口吃着自己平时不太敢吃的高热量食物时，会产生一种替代性满足。

（4）美食猎奇类短视频。美食猎奇类短视频利用观众猎奇心理，以"不按套路出牌"为视频特色看点，致力于创造令人眼前一亮的美食创作场景。"小马吃草雪茸堂""哦吼小闪电""绵阳料理""无敌小小豆"等视频账号是这类视频中较为典型的代表。"无敌小小豆"以家庭环境作为视频内容创作背景，采用夸张的做菜方法加特效的视频呈现方式，烹饪往往是认真且细致的活动过程，而"无敌小小豆"打破传统呈现方式，加入戏剧化效果，从美食文化到空间元素都充分展示了一种别致的生活态度。

（5）美食情怀类短视频。美食情怀类短视频以为内容增添生活情感、打造受众向往的生活为创作理念，通过对人物情感关系的塑造以及场景格调的搭建，引发观众向往对美好生活的共鸣体现情感诉求。情怀类短视频的典型代表有视频账号"李子柒""潘姥姥""蜀中桃子姐"和"川香物语"等。"李子柒"作为美食情怀类的典型代表，拍摄场景选择风景优美的农家小院，在充分展示环境的优美、食物的诱人之外，李子柒与奶奶的互动也体现了亲情的温暖，并传达了家庭情感。林间的鸟鸣、溪流的水声加上菜板的回响，很多游子回忆家乡的味道，令生活在城市的人体会到乡村的美好。

二、美食类短视频拍技巧

（1）食材准备。在拍摄短视频前，要确保食材的上镜效果（图9-4），如色彩鲜艳、新鲜干净，在视觉上能给人一种愉悦感。其次，应选择合适的拍摄道具，如漂亮的餐具、鲜花和装饰品等，这些可以提升整体的视觉效果（图9-5）。

（2）光线把握。在画面中表现固态食材的形状、轮廓时，多采用逆光和侧逆光的照明方式，使食材显得更加立体，并在食材和环境之间形成明暗分界线。但并不是每一次拍摄都需要人工照明，最自然的光线是太阳光，如果条件允许，利用自然光拍摄。

拍摄时要尽可能展现食物本身的特性，凸显食物的质感。例如，在拍摄烤肉等肉类食物的视频时，通过画面来呈现食物浓郁的肉汁酱料及醇厚的口感，唤起观众对美食的记忆与联想。

（3）调色。做美食类短视频一定要学会对视频调色，使食物看上去更具有诱惑力，激发观众的食欲。暖色调会让美食看起来更有吸引力，让人垂涎欲滴、浮想联翩。所以拍摄前可以对环境进行布置或者调整相机设置。如果前期没有做准备，那就后期要多花一些工夫。在调色的过程中，色彩饱和度和色温一定要控制好，防止过犹不及（图9-6）。

（4）和谐配乐。为了让整个视频看起来更加完美和谐，在短视频制作后期通常要给视频加入背景音乐，但注意音乐要与视频内容和谐。

图9-4　美食食材

图9-5 美食造型设计　　　　　　　　　　　　　图9-6 美食色彩搭配

三、美食短视频运营方案

（1）切勿盲目地抄袭模仿。看到做得好的视频内容，不要一味地照搬，可以多了解它的内容特点、拍摄手法、题材切入点等。了解别人怎么做？为什么会形成独特风格，自己从中获得哪些灵感。

（2）使用创作技巧。轻松明快的背景音乐，主要操作步骤的文字说明，合适的拍摄角度，清新的柔光，器皿摆盘凸显美感等，都是美食短视频拍摄时常用的技巧手法。

（3）尽量自己出镜，或使用某些与自身内容风格相符的题材。把自身同某个具体化形象绑定，可以提升用户对此类内容创作的辨识度。例如，"姜老刀"在日食记中反复提及"一人一猫"的人设。

（4）图文并茂。吸引人的标题加上精美的封面，才会引来观众。封面可以突出食材的特点，或反映器皿摆盘的精致。

第三节　旅行Vlog短视频创作

旅行Vlog即视频日记，是视频与照片结合，通过简单快节奏的视频方式记录和展示一段旅途。Vlog需要故事情节，这是优质Vlog的前提，旅行Vlog也不例外。

一部旅行Vlog短视频的时长约1~5分钟，Vlog这种以拍摄者为主体，以充满个人特色的拍摄手法来记录生活的方式，更能够让观众在观看视频的同时产生代入感，也更利于与用户产生黏性。有些人看旅行Vlog短视频是为了寻找下一个旅行目的地；有些人已有明确的旅游规划，看视频是为了参考做攻略。这种明确的目的性为旅行Vlog的商业转化带来了无限可能。

Vlog拍摄前怎么准备？不同于日常生活的流水记录，旅行Vlog需要提前设计旅途安排和拍摄计划，包括想要拍摄的场景、景点等，这样拍摄时才能把旅行中的故事展示完整、清楚。

如何拍出有趣的旅行Vlog？

一、确认Vlog主题

把旅行经历拍成Vlog非常有纪念价值和可看性，除了在旅行Vlog中讲述故事情节，独特的创意视角也可以为Vlog增添趣味性。通过快慢变速切换不同场景，可以增加画面的"仪式感"。例如，亲子旅行、探店旅行、美食之旅、爱情之旅等。确认Vlog的主题，拍摄时才会清晰有条理，可以提高拍摄效率。有条件的话可以在拍摄之前准备简单分镜头脚本，想清楚要展现的内容，不能像流水账，要有一定的编剧能力，把拍摄的琐碎片段讲得生动有趣，才是拍摄旅行Vlog的关键。

二、勾勒拍摄脚本

确认Vlog主题后，需要大致列出脚本，确定整个视频的逻辑线。这是Vlog的核心（例如，拍摄时按时间线、地点线、叙事讲故事等方式，开展整段视频。多镜头拍摄，具体用哪些镜头来表达哪些内容）。

在查攻略时，列出几个必拍的景点和运镜方式，想好它们之间如何串联。预先构思好一些开场镜头和转场动作，也很有必要。即使景色平淡，运用一些技巧也能增加视频的节奏感。例如，用倒放视频的开场，可以立刻吸引观众继续看下去。转场动作中最常见的如转圈，每到一个地点，匀速转圈自拍，后期剪到一起，可以将人物与风景一起展示。例如，拍摄每个景点，自己都走到画面中心，这可以成为标志性的转场动作。游玩过程中，需要带着脚本思维去积累一些可用于衔接的镜头，如标志性的路牌、登机的片段等。这些镜头相当于文章里的过渡句，剪辑时可用于交代事件的前因后果。

三、确定内容拍摄

明确拍摄主题之后，通过用不同的镜头去丰富主画面和故事，让vlog生动有趣起来。我们可以有意识地从不同的角度、不同的景别去拍摄同一个场景。一部吸引人的旅行Vlog，首先要有好看的画面。在沿途多拍些风景，与路人的对话等都是素材，到达目的地后可以先拍一个长镜头，切换不同的景别，边走边记录沿途风景，以及路上遇到的趣闻、趣事，再利用稳定器的延时摄影、物体追踪等功能，让画面生动有趣。只有融入真情实感，才可以让Vlog更加丰富；心中有爱，才可以拍出好作品（图9-7）。

（1）拍摄途中的交通工具。外出旅行的时候，可以多拍摄一些交通工具的画面，如汽车、火车、公交车、机场等，这样可以让短视频看上去更加真实，容易将观众带入情境之中。可以拍摄的坐飞机的视频画面。如果坐飞机出行，建议选靠窗的座位，这样可以拍摄窗外美景。晴朗天气，风光无限好。

（2）分享各种特色的美食。旅途中，品尝各地的特色美食，是旅行视频中不可缺少的部分（图9-8）。

（3）拍摄旅途的美好风光。如果去云南、西藏旅行，那里的高原、雪山风光特别美，可以多拍摄一些风光场景来吸引观众的眼球，用短视频记录旅途中的山水故事。

图9-7 旅拍过程

图9-8 拍摄当地美食

四、剪辑时的叙事手法

剪辑是二次创作中最重要的环节。如何将自己拍摄的素材呈现给观众？组织素材是重构脚本的过程。除了时间线的叙事方式，还可以用事件性的叙事方式，将大篇幅放在自我感觉最有趣的事上。

五、套用主题模板

一些主题模板能够帮助创作者快速成片，如"每天一秒""本月最重要的5个时刻"。可以将每天最珍贵的1秒或者几秒的画面整理储存，一个月或一年后拼成一段Vlog，再加上旁白或字幕解说。这样拍摄难度小，既是自己的回忆，也不会让观众觉得过于平淡。

第四节 产品营销短视频创作

短视频营销带货，是当下互联网用户获取流量的营销手段。内容创作者需要如何利用短视频平台做营销，达到产品曝光和品牌塑造的目的？

优秀的产品营销短视频包括主要卖点、品牌故事、产品设计理念等。在产品的拍摄制作过程中，要做到"少一些套路，多一些创意"。通过创意来体现产品的功能和卖点。

目的：拍摄前要明确短视频制作的目的是什么？用来推介新产品，讲解产品的使用说明，还是用于产品促销宣传？只有明确制作目的，才能制定符合产品宣传的作品，才能切实定位好视频受众。

受众：明确受众是精准制作产品视频的前提。根据目标受众的不同，分析受众的年龄、爱好、习惯等，做好市场分析，了解客户诉求，这样才能让视频制作更有针对性。

创意：创意是实现产品宣传差异化的途径。创意视频越来越成为刚需，这就需要策划者提高策划能力，将品牌价值、品牌内涵与视觉冲击力结合（图9-9）。策划即思考，不仅要注意表象层面，更要注重内在的价值表达。

图9-9 产品高调展示

一、直接展现产品特色

短视频的重要特点，用一个字概括是"短"。要想在短短十几秒或者几十秒内让用户对产品产生兴趣，需要突出产品的亮点。若产品具有话题性，也可以吸引用户关注度。若产品无直接亮点，则需要创作者深入挖掘，找到更多适合展示的内容，从而激发用户的购买欲。

二、关联产品侧面烘托

通过视频侧面烘托制造话题和亮点，来展示产品或者品牌是短视频营销的重要手段之一。这种方法的重点在于用来烘托的产品必须与拍摄的主产品有一定的关联。例如，短视频展示化妆类产品，关联的产品应该是其他化妆类产品或能与其搭配的产品，如首饰、发带等。

三、借用场景宣传提升产品宣传效果

短视频营销，可以通过两种场景宣传方式：一是，通过与产品相关的场景来营销，展示制作过程或者制作场景，能增加说服力，建立与用户的信任感，让用户放心购买。二是，在特定的场景中植入产品信息。这种产品植入的方式常用于电视剧中。短视频营销也可以借助这种手法，把产品软性植入到拍摄场景中，或者是当作拍摄道具使用（图9-10）。

图9-10 产品低调展示

四、挖掘产品的额外用途

做短视频营销时，我们可以大力挖掘产品普遍功能外的独特功能，让用户产生"原来还可以这样"的惊喜感，扩大用户对产品的认知边界实现购买目的。

五、日常展示强化产品印象

用户购物偏爱买品牌类产品。一方面是因为品牌产品质量和服务有保障，另一方面则是受品牌的企业文化影响。它们在用户心里有辨识度，有信任感，所以选择时倾向性更强。

做短视频营销时，可以持续更新内容，通过产品和品牌塑造来传播企业和品牌文化的目的，建立品牌在用户心中的信任度，扩大品牌传播力度，达到营销目的。

第五节　剧情短视频创作

剧情类的短视频容易受到用户的喜欢，这类短视频能够快速起量。如果是连续剧似的情景剧，容易收获一大批黏度较大的用户。如何做剧情类短视频账号？

一、账号定位

剧情类短视频的不同拍摄手法，决定了视频风格的多样性。账号的定位十分重要，这会决定账号的类型。

（1）一人多角。顾名思义，一个人饰演多个角色。通过化妆、着装等区分形象，通过演技、口音打造多个不同性格的角色。代表账号：毛光光、多余和毛毛姐等。

（2）第二人称视角。以第二人称的角度去拍摄主角，拍摄者常常与主角进行互动，推动剧情发展。代表账号：疯产姐妹、闲人李老板等。

（3）多人情景剧。这是常见的拍摄方式，也是最有难度的拍摄方式，需要切换场景、不同景别等。代表账号：七舅脑爷、佟悦佟悦、叶公子等。

二、内容策划

不同视频定位的具体内容不同，但都是要将故事更好地展示给用户。

（1）剧情遵守法律法规，向用户传递正确的思想价值。

（2）塑造性格鲜明的人物，给用户留下记忆点。

（3）制造矛盾，使剧情跌宕起伏，引人入胜。

（4）观察生活，使剧情贴近生活，消除与用户的距离感，引起共鸣。

（5）让剧情变得有意义，尤其核心故事。

三、准备及拍摄

完善剧本后，就进入了拍摄阶段。

（1）准备工作。视频中需要哪些演员，共需多少人出镜等，需要提前安排好；演员的服装要提前准备好；剧本中涉及哪些场景需要提前洽谈；拍摄中所需道具需要提前准备，以避免临时找的道具不符合要求。

（2）拍摄。除了第二视角拍摄只有一个视角，都会通过多个角度对人物进行拍摄来表达人物的心情。这也就需要拍摄者和演员进行多次拍摄演绎（图9-11）。

图9-11 剧情内容拍摄

四、剪辑包装

视频拍摄好后，进行剪辑包装环节。

（1）删减视频中无意义的画面，只留下对剧情有意义的画面。

（2）添加转场特效、合适的BGM、声音特效等，使视频变得丰富多彩。

（3）通过视频的剪辑强调故事中的细节，也可以用后期剪辑突出角色性格等。

五、数据分析

当视频发布后,需要根据用户的反馈来判断用户对该类视频的喜好程度。看数据是观察用户最直观的方法。如果数据反馈好,就可以继续拍摄类似题材的情景剧;如果数据显示用户对该类视频不太感兴趣,可以通过查看用户群像、对标数据好的账号等方法分析用户喜欢的内容,调整自己的视频。

从定位、内容、拍摄(图9-12)、剪辑、数据分析五个方面分析短视频账号,就能够拍出让用户感兴趣的视频。此外,还需要深入学习如何运营账号。

图9-12　专业团队拍摄

本章总结

本章讲解了人物访谈类、美食类、旅拍类、产品类和剧情类短视频的创作实例,制作不同类型的短视频应找准不同的表现方式,善于归纳总结,触类旁通。通过实践解决不同拍摄类型的创作难点。

课后作业

以《校园物语》为题,拍摄一部Vlog,时长1分钟以内,要求不少于20个镜头,需有完整的片头、片尾和配乐。内容要求积极向上、健康活泼,具有一定的传播和推广价值,运用多种运镜方式,3种以上创意运镜转场,强调光影与构图。内容紧扣主题,连贯流畅,符合时代特征,彰显优秀校园文化,详略得当。画面需要后期调色,整体和谐、清晰、流畅,转场顺滑,用字幕加以说明,配音、配乐清晰无杂音。

思考拓展

如果希望通过短视频来打造个人的形象IP,可以尝试制造记忆点。记忆点可以是任何元素,如眼镜、衣服,甚至是口音或语气。它们需要长期地出现在短视频作品中,不断强化观众的记忆,最终目的是当观众看到类似元素时第一时间想到设计的个人形象或对应的短视频作品。一个成功的记忆点可以极大地提升形象IP的价值。

课程资源链接

课件

参考文献

[1] 郝倩. 手机短视频制作从新手到高手[M]. 北京：清华大学出版社，2021.

[2] 雷波. 手机短视频拍摄、剪辑与运营变现——从入门到精通[M]. 北京：化学工业出版社，2021.

[3] 周光平. 摄像技术通用教程[M]. 北京：高等教育出版社，2023.

[4] 李宇宁. 短视频创作实录与教程[M]. 北京：清华大学出版社，2021.

[5] 吴航行，卢文玉. 短视频编辑与制作[M]. 北京：人民邮电出版社，2023.

[6] 邓元兵，胡莹. 短视频策划、拍摄与制作[M]. 北京：人民邮电出版社，2022.